Monographien zur Chemischen Apparatur
Begründet von Dr. A. J. Kieser
Herausgegeben von Berthold Block
Band 5

Die Viskosekunstseidefabrik
ihre Maschinen und Apparate

Von

Ob.-Ing. Ed. Wurtz
Ratingen

Mit 59 Abbildungen im Text
und auf 4 Tafeln

(Erweiterter Sonderdruck aus „Chemische Apparatur" 1926/27)

Springer-Verlag Berlin Heidelberg GmbH
1927

© Springer-Verlag Berlin Heidelberg 1927
Ursprünglich erschienen bei Otto Spamer, Leipzig 1927
Softcover reprint of the hardcover 1st edition 1927

ISBN 978-3-662-33644-1   ISBN 978-3-662-34042-4 (eBook)
DOI 10.1007/978-3-662-34042-4

Vorwort.

Die Verwendung der Kunstseide in der Textilindustrie nimmt täglich zu, weil bisher jede größere gesteigerte Erzeugung guter Arten leichten Absatz gefunden hat. So ist es kein Wunder, daß in den letzten Jahren immer neue Fabriken entstanden sind. Täglich werden neue Erfindungen auf diesem Gebiet gemacht, das noch lange nicht vollständig erforscht ist.

Die meisten der großen Kunstseidenkonzerne verfügen über eigene Werkstätten, in denen die benötigten Maschinen und Apparate auf Grund der selbst gemachten Erfahrungen hergestellt werden. Diese halten ihre Einrichtungen geheim und die Patente lassen keinen sicheren Schluß zu über das, was unbrauchbar ist, und was in der Praxis verwendet wird. Es ist für neu entstehende Fabriken nicht nur schwierig, geeignete Fachleute zu finden, sondern auch die neuzeitlichen Fabrikationseinrichtungen zu erhalten.

Über die Maschinen und Apparate wie sie wirklich benutzt werden, über deren Zusammenarbeiten, deren Größenbestimmung herrschte ein großes Dunkel. Diesem Mangel, der den wirklichen graden Fortschritt hindert, hat die Veröffentlichung in der „Chemischen Apparatur" abgeholfen. Die weitere Verbreitung dieser Kenntnisse soll durch die Herausgabe als Monographie gefördert werden.

In den letzten Jahren beschäftigt sich eine gewisse deutsche Industrie mit der Herstellung der benötigten Sondermaschinen, und die Düsseldorf-Ratinger Maschinen- und Apparatebau A. G., Ratingen, war eines der ersten Werke, das sich der Erstellung vollständiger Kunstseidefabriken gewidmet hat. Die beschriebenen und dargestellten Maschinen und Apparate entstammen zum größten Teil den Werkstätten der vorgenannten Firma. Dieselbe hat sich insbesondere um den Bau der Schleuderspinnmaschinen sehr verdient gemacht. Ich unterlasse es nicht, dieser Firma auch an dieser Stelle meinen verbindlichsten Dank für die freundliche Überlassung der Unterlagen auszusprechen.

Bei der großen Vielseitigkeit der in der Industrie verwandten Apparate und dem schnellen Wechsel der Konstruktionen, hervorgerufen durch Änderungen und Verbesserungen der chemischen Verfahren und technischen Einrichtungen, ist es natürlich nicht möglich, alle Einzelheiten eingehend zu behandeln.

Leitend bei der Abfassung der Arbeit war der Wunsch, eine Übersicht über die Maschinen und Apparate einer Viskosekunstseidefabrik zu schaffen, die als Fundament für fernere Erforschung und Verbesserung betrachtet werden kann.

Ratingen, März 1927.

Der Verfasser.

Inhalt.

Einleitung 7
   I. Die Vorbereitung und Trocknung des Zellstoffes
      ($C_6H_{10}O_5$) 10
  II. Die Herstellung der Alkalizellulose 11
      a) Laugenbereitung 11
      b) Das Tauchen und Pressen der Zellulose 16
      c) Zerfasern und Vorreifen der Alkalizellulose 20
 III. Die Herstellung des Xanthogenat 24
  IV. Lagerung und Aufbewahrung des Schwefelkohlenstoffes
      (CS_2) 31
   V. Die Rührwerks- bzw. Löseanlage zur Überführung des
      Xanthates in Viskose 35
  VI. Der Viskosekeller. Das Filtern und Reifen 44
 VII. Der Spinnsaal und die Schleuderspinnmaschinen . . . 49
VIII. Die Spinnpumpen für die Spinnmaschinen 61
  IX. Antriebsverhältnisse der Kunstseidespinnmaschinen . 66
   X. Die Spinnmaschinen mit mehreren Düsen 76
  XI. Fällbadbereitung, Kuchenbefeuchtung 81
 XII. Die Haspelei 83
XIII. Die Wäscherei und die Bedeutung des Wassers in der
      Kunstseidefabrik 85
 XIV. Das Trocknen der gewaschenen ungebleichten Seide . 89
  XV. Die Bleicherei und Färberei der künstlichen Seide . 94
 XVI. Abwässer- und Kläranlage 97
XVII. Nachtrocknung, Sortierung und Versand 101
XVIII. Arbeiterzahl 103
 XIX. Kraftbedarf und Dampfanlage 104
  XX. Kühlanlage 107
 XXI. Druckluftanlage 108
XXII. Die Selbstkosten 109
XXIII. Die Fabrikanlage 110

Einleitung.

Wenn in den Schaufenstern der großen vornehmen Geschäftshäuser Seidenkleider, Blusen, Jumper, Krawatten, Florstrümpfe usw. aus Kunstseide ausgestellt werden, so wissen wohl die wenigsten von denen, die sich an dem Glanze und an dem schönen Farbenspiel dieser Seidenwaren erfreuen, was Kunstseide eigentlich ist.

In unserer schnellebigen Zeit mit all den wirtschaftlichen Nöten und Sorgen ist es nur wenigen vergönnt, sich echte Seidenwaren zu kaufen, und daher findet die Kunstseide, die in immer größerer Vollkommenheit hergestellt wird, in den breitesten Schichten der Bevölkerung Eingang. Bei der echten Seide spinnt die Seidenraupe den Seidenfaden, der sich in dem Körper des Tieres bildet, aus dem Munde, der gewissermaßen die Spinndüse darstellt. Als Rohstoff zur Seidenbildung dient die Nahrung des Tieres, welche aus pflanzlichen Bestandteilen und insbesondere aus den Blättern des Maulbeerbaumes (s. Chem. App. 1923, S. 144) besteht.

Was die Natur in so einfacher Weise vollbringt, haben die Menschen nachzumachen versucht. Es besteht eine gewisse Ähnlichkeit in der Herstellung beider Seidenarten. Was die Raupe in ihrem Körper vollendet, wird bei der Kunstseidenerzeugung in Maschinen und Apparaten auf chemischem Wege vollbracht. Diese erzeugte Spinnmasse wird dann in Spinnmaschinen weiter verarbeitet und, wie bei der Raupe, aus Düsen der Faden gesponnen, was in nachstehenden Zeilen etwas näher erläutert ist.

Die ersten Versuche, aus Zelluloselösungen Seide zu spinnen, stammen schon aus dem Jahre 1892. Im Jahre 1900 zeigte die Pariser Weltausstellung dem erstaunten Besucher Seide, die nach einem besonderen Verfahren aus Zelluloselösungen gesponnen worden war. Man unterscheidet in der Hauptsache 4 verschiedene Seidenarten:

Die Collodiumseide (oder Nitro-Zelluloseseide),
den sog. Glanzstoff (Kupfer-Ammoniak-Zelluloseseide),
die Celanese oder Acetatseide
und Viskoseseide.

Letztere ist wohl die am meisten verbreitete und stellt ein schönes, weißes, glänzendes Erzeugnis dar, welches von anderen Seiden kaum zu unterscheiden ist. Zum Verweben von Strümpfen, Krawatten, Jumpern usw. eignet sich diese Seide vorzüglich. Ebenso wird sie vielfach zur Herstellung von Spitzen, Borten, Litzen und Trikotagen benutzt. Obwohl anfänglich häufig Klagen darüber laut wurden, daß die Viskoseseide nicht die Festigkeit der Naturseide besitze, so ist dieses Übel auch bereits dadurch überwunden, daß man die Seidensträhnen und auch die fertigen Gewebestücke mit einer Formaldehydlösung tränkt.

Die Seide, die anfangs nur im Laboratorium für wissenschaftliche Zwecke erzeugt wurde, hat sich in den letzten Jahren zu einem Industriezweig entwickelt, der sich über die ganze Welt verbreitet hat. Die Welterzeugung an Kunstseide ist von zwei Millionen Kilogramm im Jahre 1902 auf 20 Millionen Kilogramm im Jahre 1921 gestiegen. Daher tritt die Kunstseide in immer schärferen Wettbewerb mit der natürlichen Rohseide. Steigende Erzeugung, steigender Verbrauch, Verbesserung der Eigenschaften des Erzeugnisses und damit zusammenhängend die Eroberung neuer Gebiete auf dem Textilmarkt kennzeichnen die Rolle, die die Kunstseide auf dem Weltmarkt spielt. Die deutsche Technik (s. Chem. App. 1923, S. 36) hat hier auch besondere Verdienste aufzuweisen. Die starke Verbreitung, die die aus Kunstseidefasern hergestellten Textilien gefunden haben, ist besonders auf die niedrige und besonders stabile Preisgestaltung zurückzuführen. Weite Kreise der Käufer, die der echten Seide aus Mangel an Mitteln fernbleiben mußten, haben in der Kunstseide einen nicht nur billigen, sondern auch guten Ersatz gefunden. Kein Wunder ist es also, wenn selbst Japan, das Land der echten Seide, heute dazu übergegangen ist, der Kunstseidenerzeugung größte Aufmerksamkeit zuzuwenden. Zur Zeit bestehen in Japan bereits 9 Kunstseidefabriken.

Die größten Kunstseideerzeuger sind die Vereinigten Staaten. An die zweite Stelle war nach dem Kriege Italien getreten, das aber mittlerweile durch Deutschland an die dritte Stelle gedrückt worden ist. In Deutschland ist der stärkste Kunstseidekonzern die Vereinigte Glanzstoff-Bemberg-Gruppe, die allein ca. 85% der gesamten deutschen Erzeugung umfaßt. Die Courtaulds-Gruppe umfaßt 90% der englischen und ca. 60% der amerikanischen Erzeugung. Die

Snia Viscosa steht in Italien an der Spitze und umfaßt ca. 75%
der gesamten in Italien hergestellten Seide.

**Schema der Kunstseiden-Herstellung vom Ausgangs-
stoff bis zur fertigen Seide.**

Holz und **schweflige Säure**
↓
Sulfitzellulose und **Natronlauge**
↓
Auspressen und Zerfaserung = **Alkalizellulose**
↓
Reife- bzw. Alterungsvorgang
↓
Sulfidieranlage
Behandlung mit **Schwefelkohlenstoff,** Kühlung

⟶ **Xanthogenat** ⟵
↓
Lösekessel und Behandlung mit verdünnter **Natronlauge**
↓
Viskose
↓
Filtration
↓
Alterung der Viskose
↓
mit Preßluft im Spinnkessel
↓
Spinnpumpe
↓
Hartgummifilter
↓
Fällbad
↓
Spinnmaschine,
auf dieser Spinnen der Viskose durch feine Golddüsen, Ausfällen der
Fäden im Fällbad, Zwirnen und Aufwickeln der Fäden zu Kuchen in den
Schleuder-Spinnmaschinen.
↓
Abhaspeln der Kuchen auf Haspelmaschinen
↓
Waschen und Entschwefeln der Stränge
↓
Trocknen
↓
Bleichen
↓
Nachtrocknen der fertigen weißen **Rohseide**
↓
Färben der Stränge.

I. Die Vorbereitung und Trocknung des Zellstoffes ($C_6H_{10}O_5$).

Der zur Verarbeitung kommende Zellstoff wird von den Zellstoffabriken für die Kunstseidenerzeugung in einer ganz besonderen Güte geliefert. Beim Eintreffen von neuen Sendungen ist der Zellstoff vor allen Dingen darauf zu untersuchen, ob es sich um Alpha-, Beta- oder Gamma-Zellulose handelt. Dann sind im Laboratorium die Feststellungen in bezug auf Wassergehalt, Aschengehalt und Quellbarkeit vorzunehmen und die Ergebnisse bei der Weiterverarbeitung zu berücksichtigen. Der Zellstoff wird von den Fabriken meistens in Tafeln von 90—100 cm im Quadrat geliefert. Da die Zellstofftafeln im allgemeinen in dieser Größe nicht getaucht werden, werden diese entsprechend der Taucheinrichtung in Stücke von etwa 40—50 cm im Quadrat auf der Zelluloseschnellschneidemaschine zerschnitten. Diese Maschine muß zur Bewältigung von täglich etwa 1500—1600 kg Zellulose für mechanischen Antrieb eingerichtet werden. Die Messermaulweite soll genügend groß sein, damit die Zelluloseplatten, die höchstens 1 × 1 m groß sind, noch bequem eingeschoben und zerschnitten werden können. Bei der Anschaffung einer solchen Schneidemaschine ist besonders darauf zu achten, daß die Maschine mit einer guten Selbstspannung versehen ist, die bei verschiedenen Stoßhöhen der zu zerschneidenden Zelluloseblätter einwandfrei arbeitet bzw. den Pack Blätter bis zum erfolgten Durchschneiden gut festhält. Am besten bewährt hat sich der schräge Zugschnitt, und muß eine solche Schneidemaschine, je nach dem, welche Stoßhöhe unter dem Messer eingelegt wird, etwa 15—20 Schnitte in der Minute machen können. Auf dieser Schneidemaschine werden die Zelluloseplatten auf das für den Tauchprozeß gewünschte und den Tauchkästen entsprechende Maß zerschnitten. Von der Schneidemaschine kommen die Tafeln etwa 400—500 mm im Quadrat in den Vortrockenraum. Dieser ist so angeordnet, daß er vom Zelluloseaufbewahrungsraum bzw. von der chemischen Abteilung aus gleich gut erreicht werden kann. Der

Trockenraum für den Zellstoff ist mit Gestellen versehen, in welchen die einzelnen Zellstoffblätter derartig eingestellt werden, daß zwischen denselben die Trockenluft durchstreichen kann. Durch eine Heizvorrichtung wird die Temperatur im Trockenraum auf 25—35° C gehalten. Zu hohe Temperatur und zu schnelle Erwärmung schadet der Zellulose; sie vergilbt. Dies hat zur Folge, daß die Zellulose für die Verarbeitung ungeeigneter wird und daß die Ausbeute heruntergeht. Für gute Ventilation bzw. Lufterneuerung sorgt ein Ventilator. Der von der Fabrik angelieferte Zellstoff hat in seinen einzelnen Sendungen auch verschiedenen Feuchtigkeitsgehalt, der etwa 12—14% beträgt. Für die Verarbeitung ist es wesentlich, diesen Feuchtigkeitsgehalt möglicht herabzumindern (auf etwa 6%) und vor allen Dingen gleichmäßig zu gestalten. Eine Kunstseidenfabrik, die täglich in 24 Stunden 1000 kg Seide erzeugt, verarbeitet bei einer durchschnittlichen Ausbeute von 65—70% 1500—1600 kg Zellstoff. Um diesen Zellstoff in einer für einige Wochen ausreichenden Menge zu lagern, wäre ein geeigneter Raum von etwa 25 × 10 m Grundfläche, und als Trockenraum ein solcher von 10 × 15 m Grundfläche und etwa $3^1/_2$—4 m Höhe empfehlenswert. Anstatt der fertig getrockneten Zelluloseblätter (Kreppzellulose) kann auch Holzbrei Verwendung finden. Der Holzbrei muß so rein wie möglich sein und soll mindestens 88% Zellulose enthalten. Die weitere Verarbeitung ist die gleiche wie bei den fertigen Zelluloseblättern.

II. Die Herstellung der Alkalizellulose.

a) Laugenbereitung.

Für eine Kunstseidefabrik von der erwähnten Leistung von 1000 kg Seidenerzeugung täglich wird zweckmäßig die „chemische Abteilung" in einem Raum von 20 × 24 m Grundfläche und 5—$5^1/_2$ m Höhe untergebracht. An der einen Schmalseite des Raumes ist die Ätznatronauflösung anzuordnen. Diese besteht aus zwei Laugenbehältern von 2500 ⌀ und 5000 mm Höhe für die für die Tauchung benötigte Fabriklauge, ferner aus 1—2 Behältern für die Aufnahme der wiederzubelebenden Lauge und einem Behälter für die von der Fabrikation entfallende Gelblauge. Letztere wird nicht mehr aufgefrischt, sondern verläßt den Betrieb, um für andere Zwecke Verwendung zu finden. Die zwei Fabrikationslaugenbehälter, ebenso die Gelblaugenbehälter, wählt man zweckmäßig mit 25 000 l Inhalt. Ein Ablaugenbehälter, der für die Aufnahme der von der Fabrik kommenden verbrauchten Lauge dient, erhält einen Inhalt von 20 000 l und wird außerhalb des Gebäudes auf dem Hof aufgestellt, um von hier aus die verbrauchte Ablauge bequem abfördern zu können. Bei fortlaufendem Fabrikationsgang und bei einer täglichen Erzeugung von etwa 1000 kg Seide werden jeden Tag an frischem Ätznatron (NaOH) 1700—2000 kg gebraucht. Diese Menge entspricht ungefähr dem Inhalt von sechs bis sieben

Abb. 1. Kreiskolbenpumpe für die Natronlauge.

Ätznatrontrommeln, die täglich aufgelöst werden. Hierfür sind nun zwei Ätznatronauflösebehälter vorgesehen. Diese beiden Behälter sind am besten in eine Vertiefung des Bodens hinein zu versetzen. Diese bestehen aus einem zylindrischen Mantel von 1600 mm ⌀ und 3 m Höhe. Im Unterteil ist ein gewölbter Boden eingenietet; drei gußeiserne Füße dienen zur Aufstellung der Behälter auf dem Fußboden der vorerwähnten Vertiefung. Die Ätznatronauflösebehälter, die einen Inhalt von 6000 l besitzen, erhalten auf den oberen Winkeleisenring aufgeschraubt einen dünnen Blechdeckel, der mit einer aufklappbaren Einsteige- resp. Einfüllöffnung von 600 × 600 mm für das Einfüllen des festen Ätznatrons versehen ist. Im Oberteil erhalten diese zylindrischen Behälter einen starken, durch Versteifungen gestützten Siebboden, der zur Aufnahme entweder der ganzen Trommel oder des aus den Trommeln ausgelösten Ätznatrons dient. Unter dem Siebboden ist eine Dampfdüse eingebaut, die bei den aufgesetzten Fässern bzw. bei dem aufgelegten Ätznatron das Auflösen weiter fördert. Ferner ist im Oberteil eine Brause angebracht, die, an eine Schleuderpumpe angeschlossen, ein Umpumpen der Flüssigkeit ermöglicht, und die dazu dient, die Auflösung des festen Stoffes zu fördern und die Lauge schnell auf den gewünschten Gehalt zu bringen. Im Unterteil dieser Auflösebehälter befindet sich ein Schlammablaßhahn, um den Schlamm getrennt herausbefördern zu können. Zum Absaugen der frischen Lauge ist in einer Entfernung von 1 m vom unteren Boden ein Absaugerohr mit Saug-korb angebracht. Durch eine Kreiskolbenpumpe und durch die entsprechende Rohrleitung wird die Lauge auf die Frischlaugenbehälter von 25 000 l gefördert. In diese Leitung sind für wechselweisen Betrieb zwei Filterpressen eingeschaltet. Die Filterpressen haben eine Filtrierfläche von je 12 qm

Abb. 2. Schlammpumpe.

bei einer Plattengröße von etwa 630 × 630 mm, und ist jede Presse mit 18 Kammern ausgerüstet, die in zweckentsprechender Bauart ausgeführt sind. Als Filterstoff dient Bibertuch mit Watte. Die Pressen, die für einen Druck von etwa 6 at gebaut sind, werden im Durchschnitt mit 3—4 at Druck betrieben.

Als Pumpen kommen zweckmäßig zwei Kreiskolbenpumpen nach Abb. 1, 300 l in der Minute leistend, von denen die eine als Ersatzpumpe dient, in Frage. Die Pumpen dürfen im Innern keine Bronzeteile enthalten. Um den Frischlaugenbehälter gut entleeren zu können, ist das Unterteil, welches auch gleichzeitig die Tragfüße aufnimmt, als Konus ausgebildet und erhält an der tiefsten Stelle den Schlammablaßhahn, der in Verbindung mit einer gemeinschaftlichen Rohrleitung steht. An diese Leitung sind auch außerdem die beiden Gelblaugenbehälter angeschlossen. Zum Hinausfördern des Schlammes dient eine gewöhnliche Schleuderpumpe, etwa in Ausführung wie Abb. 2 darstellt. Besser sind aber Pumpen ohne Wellenstopfbüchse im

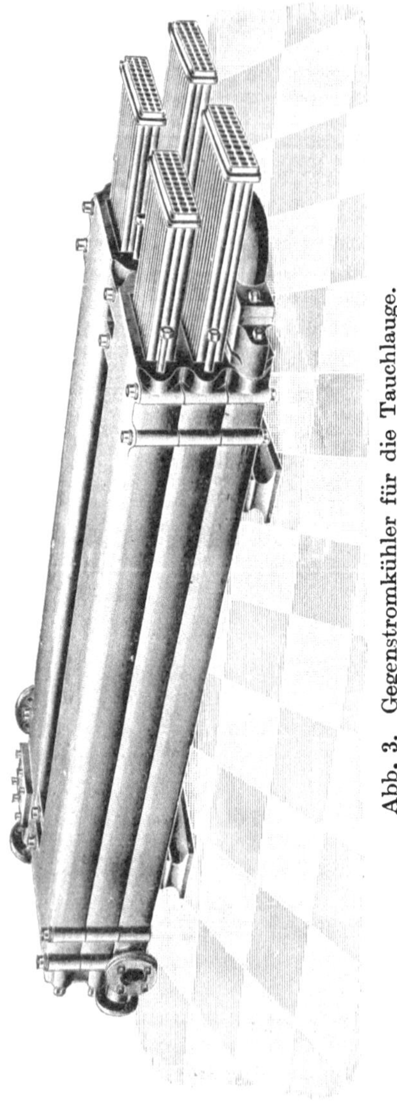

Abb. 3. Gegenstromkühler für die Tauchlauge.

Deckel, weil diese die Zugänglichkeit erschwert. Diese Pumpe, für die am besten auch noch eine Ersatzpumpe vorgesehen wird, kann durch Umschaltung desgleichen die Lauge von den hydraulischen Pressen und ferner die von den Tauchkästen kommende Ablauge absaugen und durch Umschaltung auf die dafür vorgesehenen Behälter drücken. Auch diese Pumpe darf keine Bronzeteile enthalten, da diese durch die Lauge angefressen werden. Als Schlammpumpe würde eine Pumpe von etwa 60 mm l. W. der Anschlußstutzen, die stündlich etwa 6000 l leistet, ausreichen.

Um die Lauge stets auf der für das Tauchen erforderlichen Temperatur von 15° C zu halten, ist es empfehlenswert, die beiden Fabriklaugenbehälter von je 25000 l im Unterteil mit einer spiralförmig gewundenen eisernen Kühlschlange zu versehen. In den heißen Jahreszeiten müßte dann außerdem noch in die Leitung von den vorgenannten Laugenbehältern nach den Tauchkästen ein Gegenstromkühler nach Abb. 3 eingeschaltet werden, den die Lauge durchfließt, bevor sie durch die Filterpressen nach den Tauchgefäßen geleitet wird. In diesem Stufenkühler für die vorbeschriebene Laugenbereitung, etwa 36 qm groß, wird als Kühlmittel Wasser in den meisten Fällen ausreichen. Für ausnahmsweise heiße Jahreszeiten wäre ein Anschluß an die Soleleitung angebracht, um eine stärkere Kühlung erzielen zu können. In Abb. 4 ist die Laugenbereitung abgebildet, wie diese sich bewährt hat. Dieselbe besteht aus **Fabrik**- sowie **Gelblaugenbehälter** e und i, ferner **Ätznatronauflösebehälter** a, **Pumpe** d sowie **Filterpresse** h, und kann man sich an Hand dieser

Abb. 4. Laugenbereitung.

Abbildung und des Vorhergesagten mit Leichtigkeit die Wirkungsweise der Laugenaufbereitung vorstellen. Das zur Verwendung kommende Ätznatron, welches 'auf den Siebboden b aufgelegt wird, soll wenigstens 97% NaOH und nicht mehr als 1% Soda und 1,25% Natriumchlorid enthalten. Schwarze Sulfide ergebende Metalle darin sind schädlich. Zur Herstellung der Alkalizellulose stellt man sich eine 17—18,5 proz., für die Auffrischung der Mutterlauge eine 45 proz. Ätznatronlösung her.

Zum Reinigen der Lauge verwendet man auch insbesondere in größeren Kunstseidefabriken anstatt der Filterpressen h zylindrische oder rechteckige mit Siebboden versehene Behälter. Diese werden mit einer Kiesfüllung versehen, welch letztere als Filtermaterial dient und leicht gereinigt werden kann. Auch kann an Stelle der Umlauf- und Preßpumpe d ein mit Luftdruck betriebenes Druckfaß (Montejus) Verwendung finden.

b) Das Tauchen und Pressen der Zellulose.

Das Tauchen und Auspressen der Zellulose wird ebenfalls in der „Chemischen Abteilung" (Alkaliraum) vorgenommen; die dafür vorgesehene Apparatur ist in diesem Raum in der Nähe der Laugenbereitung unterzubringen. Im allgemeinen taucht man in offenen Behältern. In letzter Zeit wird jedoch dem Tauchen unter Vakuum und Druck in besonders gebauten Kesseln große Aufmerksamkeit geschenkt. Man verspricht sich von dem Tauchen in geschlossenen Behältern, die wechselweise in kurz aufeinanderfolgenden Zeiten unter Vakuum und Druck gesetzt werden können, große Vorteile. Diese wurden durch die Versuche in der Praxis bisher bestätigt und bestehen hauptsächlich darin, daß die Tauchdauer erheblich abgekürzt wird. Durch das Entlüften unter Vakuum mit nachfolgendem Druck vermag die Lauge schneller und tiefer in die Zellulose einzudringen und wird dadurch eine größere Aufschließung erzielt. Die nachstehend beschriebene Einrichtung ist für die Verarbeitung von täglich (24 Stunden) 1628 kg geeignet, es kann je nach Wunsch das Tauchen in den geschlossenen Behältern oder in den offenen Tauchkästen stattfinden. Die auf etwa 15° C gekühlte Tauchlauge von etwa 18,5% entsprechend 25° Bé. wird aus den vorher bereits beschriebenen Fabriklaugenbehältern unter Durchfließen des bereits beschriebenen Stufenkühlers entnommen und in die beiden Tauchgefäße eingefüllt. Diese Tauchgefäße haben je einen Inhalt von 1750 l, entsprechend 2400 × 1200 mm Grundfläche und 650 mm Höhe. Auf leichtlaufenden Rollen aufgebaut, bewegen sich die Tauchgefäße auf einem Rillengeleise. Die gelochten Kästen werden in diese Tauchgefäße eingesetzt und das Ganze in die beiden Vakuumkessel eingefahren. Letztere sind aus Schmiedeeisen hergestellt und haben je einen Durchmesser von 1800, eine Länge von 2800 mm und einen Inhalt von etwa 7000 l. An der einen Seite ist ein gewölbter Boden eingenietet, während an dem Vorderteil der gewölbte Boden in Scharnieren gelagert und aufklappbar eingerichtet ist. Die Bewegung geschieht vermittels einer Schneckenradwinde, das Verschließen wird durch einen

einen sogenannten Schnellverschluß mit umklappbaren Knebelschrauben bewerkstelligt. Die beiden **Vakuumkessel** sind im Innern mit einem Geleise versehen und sind so weit in die Erde eingelassen, daß von dem Fußboden die **Tauchkästen** unmittelbar eingefahren werden können. Im vorderen und hinteren gewölbten Boden angebrachte **runde Schaugläser** ermöglichen eine Beobachtung. Im Innern des Kessels befindet sich eine **Brause**, durch welche die Lauge in die eingeschobenen Tauchkästen eingefüllt werden kann. An Armaturen erhalten diese Tauchkessel einen Ablaßhahn für evtl. überlaufende Lauge, einen Füllhahn für Frischlauge, ein Absperrventil für Luft, ein Absperrventil für Vakuum und ein Absperrventil für Preßluft und ein **Mano-Vakuummeter**, welches von der Bedienungsseite der aufklappbaren Deckel bequem beobachtet werden kann. Nach den in der Praxis gemachten Erfahrungen beträgt die Tauchdauer der Zellulose ohne Vakuum etwa 2 Stunden. Jeder der vorbeschriebenen **Tauchkästen**, die je einen Inhalt von 1750 l haben, wird mit 20 gelochten Kästen je 66 l Inhalt beschickt. Jeder dieser 20 Kästen kann mit 3,7 kg Zellulose gefüllt werden. Dieses macht bei zwei

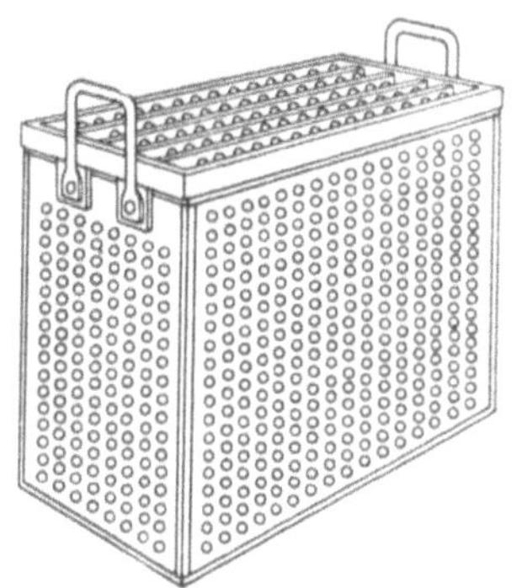

Abb. 5. Tauchkasten.

Tauchkästen zu je 20 gelochten Kästen $= 2 \times 20 \times 3{,}7 = 148$ kg Zellulose, die in 2 Stunden getaucht werden kann. Bei einer täglichen Verarbeitung von ca. 1600 kg in 24 Stunden müßte also täglich 11 mal getaucht werden. Beim Tauchen unter Einschaltung von Druck bzw. Vakuum wird die Tauchdauer mindestens um 25% herabgemindert, was bei einer Füllung etwa $^{1}/_{2}$ Stunde ausmacht. Es beträgt demnach die Tauchdauer eines Kastens je 74 kg in diesem Falle nur 1,5 Stunde; bei einer Füllung von je zwei Kästen würden also die 1628 kg Zellulose mit Vakuum in 16,5 Stunden und ohne Vakuum in 22 Stunden getaucht werden können. Die Tauchkästen, wie in Abb. 5 dargestellt, sind aus gelochtem, schmiedeeisernem Blech hergestellt und haben für Zelluloseblätter von 500 mm Quadrat eine Größe von etwa 550 mm Länge, 200 mm Breite und 600 mm Höhe. Zwischen die einzusetzenden Zelluloseblätter werden gelochte Bleche von 1 mm Stärke gelegt, und zwar in jeden Kasten etwa fünf Bleche. Diese sollen ein Zusammenstürzen der Zelluloseblätter verhindern und ermöglichen ein leichteres Herausnehmen derselben aus den Tauchkästen. Von Anfang an muß man darauf achten, daß keine Luft im Zellstoff eingeschlossen ist, denn die am Zellstoff haftende Luft verhindert das gute Durchdringen mit Natronlauge. Zur Entfernung der Luftblasen, die zwischen den einzelnen Zellstoffblättern auftreten, bedient man sich eines dünnen Flacheisens. Nach der Merzerisierung oder Tränkung des Zellstoffes wird die Natronlauge abgelassen. Dieselbe kann

Abb. 6. Spindelpresse zum Abpressen der getauchten Zelluloseblätter.

nach Verstärkung wieder verwendet werden. Vielfach versieht man die großen Tauchbehälter von 1750 l Inhalt noch mit einem sogenannten Abtropftisch. Dieser ist an der Stirnseite angebracht und schräg einstellbar eingerichtet. Unmittelbar nach dem Herausnehmen aus den Tauchkästen werden die perforierten Kästen auf diesen Abtropftisch einige Zeit abgesetzt, um der Lauge Gelegenheit zum Abtropfen und Rücklaufen in den Tauchkasten zu geben.

Die in den Tauchkästen aufgeschlossene getauchte Zellulose wird nun ausgepreßt, wozu man sich verschiedener Einrichtungen bedient. Man verwendet Spindelpressen mit Handbetrieb, mit Triebwerkvorgelege und hydraulische Pressen. Die letzteren erfreuen sich infolge ihrer großen Leistungsfähigkeit und Betriebssicherheit jedoch größerer

Beliebtheit. In Abb. 6 ist eine Handspindelpresse dargestellt, die aber nur für kleinere Leistungen oder Laboratoriumsversuche in Betracht kommt. Diese Presse vereinigt in sich gewissermaßen Tauchbehälter und Presse, es kann ein Gesamtdruck von etwa 50 000 kg erzielt werden. Bezüglich der Konstruktion ist folgendes zu erwähnen: zwei kräftige gußeiserne Kopfstücke sind durch gedrehte schmiedeeiserne Holme miteinander verbunden. Auf diesen Holmen ruht, verschiebbar eingerichtet, der muldenförmige Tauchbehälter, der im Unterteil mit einem Siebboden versehen ist. Zwischen Siebboden und Boden des Tauchbehälters befindet sich aber noch soviel Zwischenraum, daß die Lauge durch einen unter dem Tauchbehälter angebrachten Hahn bequem abgelassen werden kann. Der Tauchstempel, der sich in der Tauchmulde befindet, wird durch eine Gewindespindel betätigt, die wieder durch Schnecke und Schneckenrad mit einem Handrad verbunden ist. Die in die gußeiserne Mulde eingelegte Zellulose wird getaucht und nach beendigtem Tauchen bzw. Aufschließen ausgepreßt. In der Tauchmulde werden zwischen die einzelnen Zelluloseplatten dünne, gelochte eiserne Bleche von 1 mm Stärke eingelegt. Nach dem Ablassen der Lauge und beendetem Auspressen wird die Zellulose herausgenommen und weiter verarbeitet.

Für größere Fabrikanlagen kommen fast durchweg hydraulische Pressen in Betracht und ist eine solche für eine Anlage von 1000 kg täglich in Abb. 7 (Taf. I) dargestellt. Diese hydraulische Presse ist für „Oberdruck" eingerichtet und der Preß-Plungerkolben in einem von vier kräftigen schmiedeeisernen Säulen getragenen Preßzylindergehäuse geführt. Der untere viereckige Tisch ist mit eingehobelten schmalen Rillen versehen, die ihn in etwa 100 mm Abstand voneinander durchfurchen. Diese Rillen sollen dafür Sorge tragen, daß die aus der aufgelegten Zellulose ausgepreßte Lauge bequem ablaufen kann. Diese Preßlauge fließt dann in eine rings um den Tisch herumlaufend angebrachte Rinne, von wo aus eine Rohrleitung diese Lauge in Sammelbehälter abführt. Die vorerwähnte hydraulische Presse ist für eine Tischgröße von 1000 × 1000 mm vorgesehen, die größte Packhöhe beträgt 900—1000 mm. Mit der Presse kann ein Druck von 10 kg auf 1 qcm (10 atü) ausgeübt werden, was einem Gesamtpreßdruck von 100 × 100 × 10 = 100 000 kg entspricht. Wie aus der Abbildung des weiteren hervorgeht, steht die hydraulische Presse mit einer kleinen liegenden Plungerpreßpumpe in Verbindung, die, mit einem Wasserkasten versehen, den nötigen Preßdruck erzeugt. Die Pumpe ist mit fester und loser Riemenscheibe ausgerüstet. Auch haben die meisten Pumpen, mit dieser mechanischen Antriebsvorrichtung vereinigt, eine Handhebel-Antriebsvorrichtung, die wechselweise einmal Hand-, einmal Maschinenbetrieb ermöglicht. Für die Presse nach Abb. 7 (Taf. I) beträgt der Kraftbedarf für die Preßpumpe etwa 2—2,5 PS. Abgepreßt wird auf das 3—3,5fache Trockengewicht des Zellstoffs.

Die verbrauchte Lauge von den Tauchbehältern sowie die Ablauge von den beiden Vakuum-Tränkkesseln wird durch eine Rohrleitung nach zwei in der Erde stehenden Ablaugensammelbehältern von 1500 l geleitet. In diese Behälter läuft auch die von den Pressen kommende ausgepreßte Ablauge und wird von diesen beiden Behältern, die je einen Inhalt von 1,5 cbm haben, vermittelst einer Schleuderpumpe, wie in Abb. 2 dargestellt, auf die eingangs erwähnten Gelblaugen- bzw. Ablaugenbehälter übergepumpt. Die beiden Behälter sind in unmittelbare Nähe von der Presse und Tauchstation zu stellen und so in der Erde unterzubringen, daß sie nicht hinderlich sind. Zweckmäßig werden sie mit einem Riffelblechbelag, der in Höhe des Fußbodens liegt, abgedeckt.

Anstatt den Tauch- und Preßprozeß in zwei Stufen durchzuführen, kann man diese Vorgänge auch vereinigen. Man verwendet in diesem Fall sogenannte liegende Tauchpressen. Diese baut man für den fabrikmäßigen Großbetrieb für Zellulosechargen von 100—200 kg. Die Presse besteht in der Hauptsache · aus einem liegenden rechteckigen Behälter aus Stahlblech und einem Zylinder mit hydraulisch betriebenem Tauchkolben. An dem Tauchkolben ist eine Tischplatte befestigt, die die in dem rechteckigen Behälter eingelegten Zelluloseblätter zusammenpreßt. Der Rücklauf des Kolbens erfolgt desgleichen hydraulisch. Die Entleerung erfolgt durch die hintere Wand oder durch den Boden der Tauchpresse. Abgebildet ist diese in der Abb. 7a (Taf. I). Die Tauch- und Preßdauer jeder Füllung der Presse dauert ca. 2—3 Stunden.

c) Zerfasern und Vorreifen der Alkalizellulose.

Die so erhaltene Natronzellulose wird jetzt zerkleinert, oder besser gesagt zu einer flaumig-wolligen Masse zerfasert. Die dafür gebrauchten Maschinen, Zerfaserer genannt, sind ebenfalls in der chemischen Abteilung in der Nähe der Tauchstation unterzubringen und ist die Aufstellung in einer Reihe zu empfehlen. Diese Anordnung ermöglicht bequemen Antrieb von einer Triebwerkswelle, ferner leichte Füllung und Entleerung von der vorderen Seite aus. In den meisten Fabriken werden Zerfaserer, Bauart Werner & Pfleiderer, Cannstatt, nach Abb. 8 oder Carl Seemann, Berlin-Borsigwalde, nach Abb. 9 verwendet. Für eine Fabrik mit 1000 kg Seiden-

Abb. 8. Aufgekippter Zerfaserer.

erzeugung sind zweckmäßig drei Zerfaserer Größe 17 Bauart VIII vorzusehen und ist jede Maschine für 800 l Inhalt, entsprechend einer Füllung von 320 kg Alkalizellulose (Natronzellulose), vorzusehen. 320 kg Alkalizellulose entsprechen 100 kg Trockenzellulose, und die aus der täglich zu verarbeitenden Trockenzellulosemenge von 1620 kg sich ergebende Alkalizellulosemenge beträgt 5184 kg in 24 Stunden. Die ganze Bearbeitungszeit einer Maschine für eine Füllung, also Füllen, Zerfasern und Entleeren, dauert insgesamt 3—4, also höchstens 4 Stunden. Es kommen also insgesamt für

5184 kg. Alkalizellulose $\frac{5184}{320} = 16$ einzelne Zerfaserungs-
füllungen in Frage. Das bedeutet bei drei Zerfaserungs-
maschinen eine 5—6 malige Beschickung eines jeden Zerfaserers.

Die Maschinen sind so gebaut, daß eine innige Zerkleinerung der Alkalizellulose stattfindet. Die eigenartig durchgebildeten Rührflügel bestreichen den in der Mitte der Tröge
angeordneten Sattel derartig, daß alle Zelluloseteile zermalmt

Abb. 9. Zerfaserer mit aufgekipptem Trog.

werden. Dies ist insofern wichtig, weil nicht zerkleinerte
und zermalmte Alkalizellulose Klümpchen ergibt, die sich in
der Viskose schädlich bemerkbar machen, und die bei der
weiteren Verarbeitung zu Betriebsstörungen führen und insbesondere auf der Spinnmaschine sehr hinderlich sind.
Die Zerfaserer selbst sind mit einem kühlbaren Trogsattel und einer gekühlten Trogzarge sowie mit gekühlten Stirnwänden ausgerüstet. Die Zerfaserung muß bei ein-
geschalteter Kühlung stattfinden, am besten unter Luft-
abschluß. Die Innentemperatur darf 23° C nicht überschrei-
ten. Der ganze Trog des Zerfaserers ist mit Gegengewichten
ausgeglichen und kippbar eingerichtet. Ein Dreischeiben-

wendegetriebe gestattet jederzeit ein Stillsetzen sowie Wechseln in der Drehrichtung der Maschine, der Kraftbedarf beträgt bei Volleistung für die vorerwähnte Größe etwa 15 bis 17 PS. Der Trogsattel des Zerfaserers muß mit bequem auswechselbaren Bandagen versehen sein, desgleichen die Knetschaufeln. Diese Bandagen haben fein bearbeitete prismatische Zähne, die bei richtiger Einstellung eine gute Zerfaserung und Zermalmung gewährleisten. Auch muß das Unterteil des Trogs, in welchem die Knetschaufeln kreisen, glatt überdreht sein, derartig, daß sich keine Masse in toten Ecken oder an unrunden Flächen absetzen kann.

Die zerfaserte Zellulose wird aus den Trögen der Zerfaserer entleert und in die auf Plattenwagen aufgesetzten Behälter zum genauen Verwiegen eingefüllt. Vor den drei Zerfaserern liegt in dem Beton des Fußbodens eingelassen ein Geleise. Auf diesem Geleise bewegen sich zwei eiserne Laufgewichtswagen, die mit entsprechenden Rollen versehen sind. Auf jeder Wage steht ein schmiedeeiserner Behälter von 1300 × 1000 mm Grundfläche und 1200 mm Höhe, entsprechend einem Inhalt von 1500 l. In diese Behälter, die an der einen Seite eine aufklappbare schmiedeeiserne Wand besitzen, wird von den Kipptrögen der Zerfaserer aus die Zellulose entleert und zwecks Einfüllung in die Reife- bzw. Spinnkannen genau verwogen. Die mit Alkalizellulose befüllten Spinnkannen werden dann vermittelst eines Aufzuges auf die in dem ersten Stock liegende Reifekammer gefördert. Die Reifekammer selbst hat eine Länge von 22 m, eine Breite von 5,6 und eine Höhe von etwa 4,25 m, was einem Gesamtrauminhalt von 520 cbm entspricht. Dieser Reiferaum, in dem die einzelnen Kannen untergebracht werden, muß auf einer durchschnittlichen Temperatur von 23—25° C gehalten werden; die Heizung bzw. Temperierung der Reifekammer erfolgt vermittelst eines besonderen Ventilators, der die von draußen angesaugte Frischluft durch einen Heizkörper hindurchbläst. Die entsprechend angewärmte Luft tritt durch ein konisches Rohr in den Reiferaum ein. Dasselbe hat, dem Ventilatoranschluß entsprechend, einen Anschlußdurchmesser von 500 mm an dem einen und 200 mm an dem anderen Ende. Dieses konische Rohr geht durch den ganzen Reiferaum hindurch und hat eine Gesamtlänge von etwa 14 m. An verschiedenen Stellen sind einstellbare Klappen von etwa 150 × 150 mm l. Querschnitt angebracht, die einen gleichmäßigen Luftaustritt an verschiedenen Stellen des Rohres und gleichmäßige Temperierung des ganzen Raumes ermöglichen.

Insgesamt kommen für die 1000-kg-Anlage 5184 kg Alkalizellulose 1250 Stück S p i n n k a n n e n in Betracht. Jede S p i n n k a n n e ist aus dünnem Schwarzblech von 1 mm Stärke hergestellt und hat bei einem Durchmesser von 300 mm eine Höhe von 550 mm, einen Inhalt von 35 l. Befüllt wird jede Kanne mit 12 kg Alkalizellulose. Jede Kanne ist mit einem gut schließenden Blechdeckel und einem Handgriff versehen. Um eine Überwachung ausüben zu können, sind die Spinnkannen mit laufenden Nummern versehen.

In der R e i f e k a m m e r müssen bei der g e n a u   e i n z u - h a l t e n d e n Temperatur die Kannen etwa 36—72 Stunden stehen. Die Dauer hängt von dem Reifegrad ab. Die gereifte Natronzellulose muß auf ihren Reifegrad, Alkaligehalt und Zellulosegehalt untersucht werden. Nur auf Grund dieser eingehenden Analyse wird der weitere Aufbau der Viskose bestimmt. Die H e i z u n g s e i n r i c h t u n g ist so gebaut, daß sie genau geregelt werden kann. Der Raum selbst darf zweckmäßig keinerlei Fenster erhalten. Die Beleuchtung erfolgt durch elektrische Birnen, die zwecks Vermeidung der Ausstrahlung mit rotem Glas zu umgeben sind. Wegen der 72stündigen Reifedauer der Alkalizellulose müssen täg-

$$\text{lich } 1250 \frac{72}{24} = \sim 420 \text{ Spinnkannen zur Verfügung stehen.}$$

Neben der Reifekammer liegt der S u l f i d i e r r a u m.

III. Die Herstellung des Xanthogenat.

B e s c h r e i b u n g   d e r   S u l f i d i e r s t a t i o n , d e r   S u l f i d i e r - t r o m m e l n   (B a r a t t e n)   u n t e r   B e r ü c k s i c h t i g u n g d e s   A r b e i t s g a n g e s.

Die gereifte Natronzellulose wird in besonders gebauten sechseckigen oder runden Behältern, sogenannten B a r a t t e n, sulfidiert. Vielfach wird vor dem Sulfidieren die Natronzellulose im Zerfaserer entlüftet, um die Einwirkung des Schwefelkohlenstoffs (CS_2) zu beschleunigen. Je nach der Temperatur, die beim Sulfidieren auftritt, beschleunigt oder verlangsamt man die Dauer dieses Vorganges. Je langsamer und je kühler man sulfidiert, je besser, d. h. klarer und faserfreier, wird das Xanthogenat, welches sich nach Beendigung des Vorganges im Wasser vollständig lösen muß. Zur Herstellung eines Xanthogenats wird der Rohstoff, Baumwolle oder Holzzellstoff, mit Natronlauge durchsetzt. Auf 1 Mol. $C_6H_{10}O_5$ kommen 2 Mol. NaOH, dann läßt man die Masse eine Zeitlang stehen. Die überschüssige Natronlauge wird durch Auspressen entfernt. Das so erhaltene Gut wird dann der Einwirkung von Schwefelkohlenstoff (Sulfidierung) ausgesetzt, indem man es mit 1 Mol. CS_2 auf 1 Mol. $C_6H_{10}O_5$ eine gewisse Zeit stehen läßt. Hierbei nimmt die Masse gelbliche Färbung an und verliert ihre frühere Faserstruktur, d. h. sie geht in einen kolloiden Zustand über. Diese Masse nennt man jetzt Viskose. Sie ist in Wasser und Natronlauge löslich.

Bei der Anordnung der Sulfidieranlage ist der Feuergefährlichkeit des Schwefelkohlenstoffes Rechnung zu tragen, jedoch soll, um Förderkosten zu sparen, die Sulfidieranlage nicht zu weit von dem Reiferaum entfernt angeordnet werden. Für eine Kunstseidenfabrik, die täglich 1000 kg Rohseide erzeugt, kommt ein Sulfidierraum in Frage, der eine Länge von 15 m, eine Breite von etwa 7 m und eine Höhe von 4 m hat. In dem Sulfidierraum in einer Reihe stehend, sind dann zweckmäßig die Sulfidiertrommeln aufzustellen, und zwar derartig, daß diese von einem unter dem Fußboden des Raumes liegenden durchgehenden Triebwerk bequem angetrieben werden können. Die Sulfidiertrommeln (nach Abb. 10 und 11) selbst haben für die vorerwähnte Leistung einen Inhalt von je 1200 l, entspr. 100 kg Zellulosebefüllung. Jede Sulfidiertrommel ist mit einem Schwefelkohlenstoffmeßgefäß ausgerüstet, welches 40 l Inhalt hat. Der zylindrische Mantel der Sulfidiertrommel ist als Kühlmantel rings um die Sulfidiertrommel herumgehend auszuführen, und so kann eine genaue Einstellung der Temperatur im Innern der Trommel erzielt werden. Die Überwachung geschieht durch ein Thermometer, welches in eine Stirnwand der Trommel eingeschraubt wird. Die Antriebsübersetzung der Sulfidiertrommel ist so zu wählen, daß die Trommel nur wenige Umdrehungen, zweckmäßig 2—3, in der Minute macht. Bei dieser Umdrehungszahl wird die Alkalizellulose genügend durcheinander gemischt und eine innige Durchdringung mit Schwefelkohlenstoff erzielt. Der für die Überführung der Natronzellulose in Xanthogenat erforderliche Schwefelkohlenstoff gelangt von dem Meßgefäß (Abb. 12) von 40 l Inhalt durch eine Düse in das Innere der Trommel. Man rechnet durchweg auf 100 kg Trockenzellulose, der etwa 320 kg Alkalizellulose entsprechen, 30 bis 32% Schwefelkohlenstoff. Von diesem Schwefelkoh-

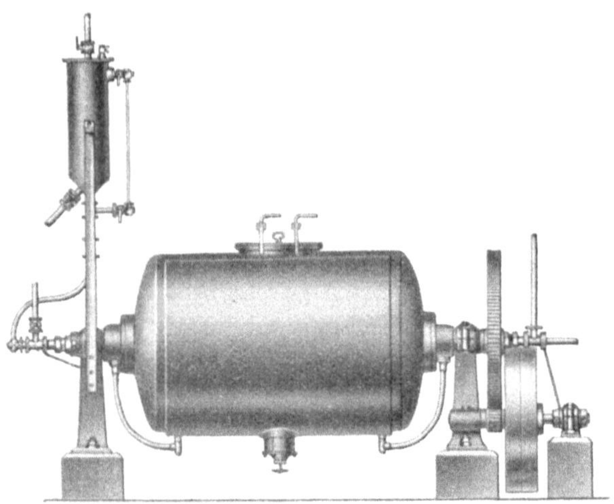

Ansicht.

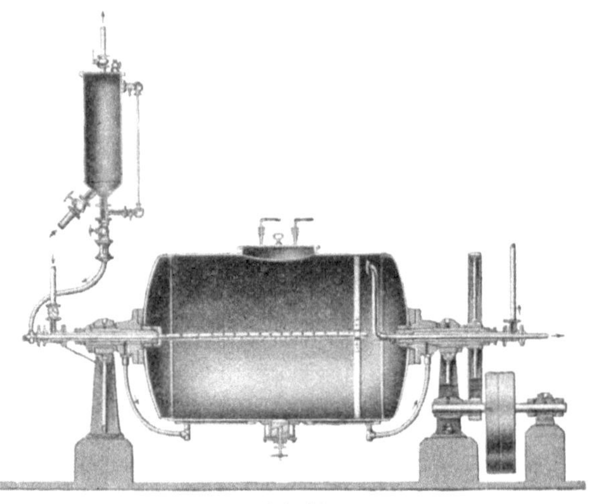

Schnitt.

Abb. 10 und 11. Zylindrische Sulfidiertrommel.

lenstoff werden 29—30% absorbiert und der Rest abgeblasen[1]). Das Sulfidieren dauert durchweg 2—3 Stunden;
die aus der Reifekammer kommende Zellulose, die eine
Temperatur von etwa 23° C hat, wird auf 16° C abgekühlt.

---

[1]) Engl. Pat. 15 777/1912, Wiedergewinnen von Schwefelkohlenstoff.

Dann wird der Schwefelkohlenstoff zugegeben, wobei eine Erwärmung eintritt, die durch die Kühlung wieder beseitigt werden muß. Das Xanthogenieren ist ein wärmeerzeugender (exothermischer) Vorgang und ist nicht zu vergessen, daß der zur Verwendung kommende Körper, Schwefelkohlenstoff, äußerst gefährlich ist. Die größte Vorsicht ist deshalb am Platze, insbesondere hinsichtlich der Förderung des Schwefelkohlenstoffes von den außerhalb des Gebäudes liegenden Sammelbehältern nach den Schwefelkohlenstoffmeßgefäßen. Das Herausdrücken des Schwefelkohlenstoffes geschieht meistens mittels Luftdruck. Sämtliche Rohrleitungen und Absperrorgane müssen mit entsprechenden Sicherungen versehen werden. Große Sorgfalt ist der Entfernung der Schwefelkohlenstoffgase, die in den Sulfidiertrommeln entstehen, zuzuwenden. In den meisten Fabriken wird die Entfernung dadurch bewerkstelligt, daß die Gase mit Preßluft ausgeblasen oder mit Vakuum abgesaugt werden. Das Absaugen hat sich besonders gut bewährt, es genügt für je zwei Sulfidiertrommeln ein Hochdruck-Kapselgebläse von etwa 70 mm l. W. der Anschlüsse. Gebläse haben den Vorzug, daß eine Explosion durch Schwefelkohlenstoffdämpfe so gut wie ausgeschlossen ist. Im Innern sind die Kapselgebläse mit Bronzekolben ausgerüstet, weil durch Bronze eine Funkenbildung und damit Zerknallgefahr der abzusaugenden Schwefelkohlenstoffdämpfe vermieden wird. Die Gebläse sind selbstverständlich vollkommen dicht, damit Schwefelkohlenstoffdämpfe an keiner Stelle entweichen können. Die Gebläse und die damit in Verbindung stehenden Absaugeleitungen und Absperrorgane sind an den Trommelachsen der Baratten zentral angeschlossen, und der Schwefelkohlenstoff wird durch die hohle Achse angesaugt. Die Absaugung aus der Trommel erfolgt an der höchsten Stelle im Innern der Trommel, die Schwefelkohlenstoffgase werden vermittelst der Gebläse durch eine Auspuffleitung über das Dach des Sulfidierraumes hinweg abgeblasen[1]). Zu bemerken ist noch, daß im Sulfidierraum auch noch das Meßgefäß für Lauge sowie auch das Meßgefäß für Wasser aufgestellt wird, damit von diesen Meßgefäßen die Flüssigkeit mit natürlichem Gefälle in die unter der Sulfidiertrommel in einem besonderen Raum aufgestellten Rührwerks- resp. Lösekessel ablaufen kann. Die vier

---

[1]) Siehe D. R. P. 250 909/1911: Über das Entfernen auch geringer Mengen Schwefelkohlenstoff aus den Gasen.

Sulfidiertrommeln haben, wie bereits erwähnt, je einen Inhalt von 1200 l. Dieser ist ausreichend für die Einheit von 100 kg, bezogen auf trockene Zellulose, welche wieder einer Menge von 320 kg Alkalizellulose entspricht. Diese 320 kg Alkalizellulose nehmen einen Raum von 920 l ein, so daß bei einer Füllung in der Sulfidiertrommel 1200 — 950 = 350 l freier Raum übrigbleiben. Dieser freie Raum, etwa 30% des genannten Trommelinhaltes, ist erforderlich, um ein genügendes Durcheinanderrühren der Zellulose zu erzielen und auch gleichzeitig genügend Raum für die sich entwickelnden abzusaugenden Schwefelkohlenstoffgase frei zu lassen.

Die Sulfidiertrommeln werden in verschiedener Form gebaut.

Die Trommel hat für 1200 l Inhalt einen zylindrischen Mantel von 1100 mm Durchmesser und 1425 mm Länge. Die Wandstärke des Mantels beträgt 7 mm, in den Stirnseiten der Trommeln ist je ein gewölbter Boden von 9 mm Stärke eingenietet. Der zylindrische Mantel ist mit einem ovalen

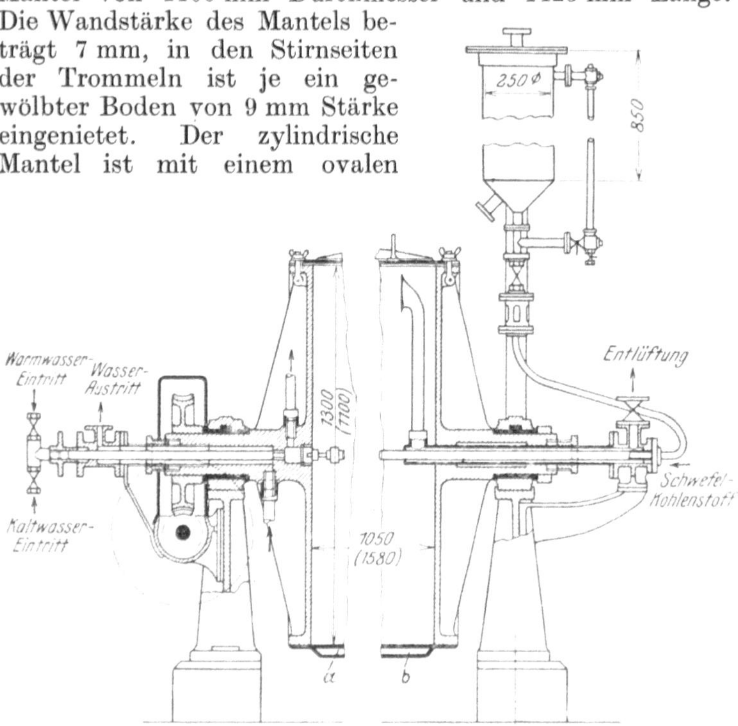

Abb. 12. Schnitt durch die Sulfidiertrommel.

Mannloch von 500 × 300 mm Querschnitt versehen, welches einen durch Schnellverschluß betätigten, gut dichtenden Bügel besitzt. Der die ganze Trommel umfassende Kühlmantel hat einen freien Querschnitt von 20 mm und hat an der einen Seite einen Wasserein- und an der anderen Seite einen Wasseraustritt. Ein Schauglas ist angeordnet, welches

Abb. 13. Eckige Sulfidiertrommel.

im Innern eine von außen zu betätigende Abstreichvorrichtung besitzt. Diese ermöglicht, das Schauglas immer sauber zu halten. Die hohlen Zapfen besitzen an der einen Seite den Anschluß für die Schwefelkohlenstoffeinführung und die Entlüftung nach Abb. 12. An der anderen Seite wird durch den hohlen Zapfen das frische und das verbrauchte Kühlwasser ab- bzw. zugeleitet nach Abb. 12. Der Antrieb der Sulfidiertrommeln (Abb. 13 und 14) erfolgt durch ein Vorgelege, welches feste und lose Riemenscheibe erhält, und welches durch eine Zahnradübersetzung die Drehzahl von etwa 40 des Vorgeleges auf 2—3 der Trommel in der Minute vermindert. Der Antrieb des Vorgeleges erfolgt unmittelbar von dem Triebwerksvorgelege. Das Schwefelkohlenstoffmeßgefäß, welches bei einem Durchmesser von 250 mm und einer Höhe von 1000 mm einen Inhalt von 40 l besitzt, ist verbleit und ist so über der Sulfidiertrommel angeordnet, daß der Schwefelkohlenstoff mit natürlichem Gefälle in das Innere der Sul-

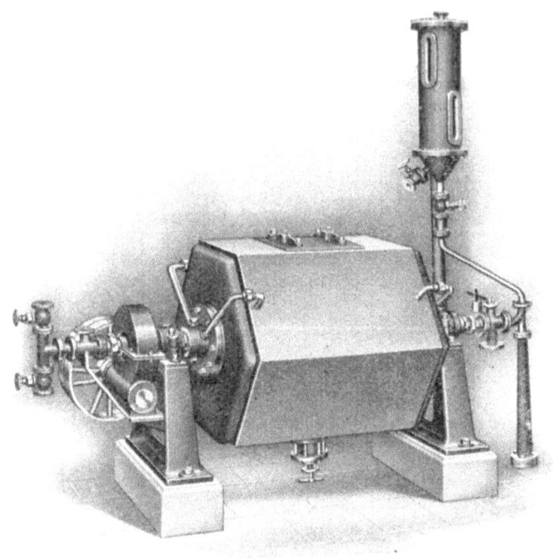

Abb. 14. Sulfidiertrommel der Düsseldorf - Ratinger Maschinen-
und Apparatebau - A. - G., Ratingen.

fidiertrommel eindringen kann. Das Meßgefäß erhält einen vollständig dicht schließenden Deckel, der ein angeschraubtes Abzugsrohr besitzt, welches wieder durch das Dach des Gebäudes hinausgeleitet wird. Ein Flüssigkeitsstand mit angeschraubter Skala ermöglicht eine genaue Beobachtung der Menge des abzulassenden Schwefelkohlenstoffes; desgleichen ist in die Zulaufleitung, die von den Meßgefäßen zu einer jeden Sulfidiertrommel führt, eine Düse mit Schauglas eingebaut, die auch eine Beobachtung des zufließenden Schwefelkohlenstoffes ermöglicht. Die Trom-

meln selbst sind in bester Ausführung zu liefern. Undichtigkeiten sind auf alle Fälle zu vermeiden, da diese die größten
Unglücke zur Folge haben können. Obwohl während des
glatten Betriebes in den Sulfidiertrommeln ein Druck nicht
entsteht, ist es zweckmäßig, die Sulfidiertrommeln so herzustellen, daß diese einen Druck von etwa 2 Atm bequem aus-
halten, weil dadurch eine gewisse weitere Sicherheit gegen
die Zerknallgefahr gegeben wird. Die Trommeln mit Berie-
selungskühlung kommen im allgemeinen nur für kleinere
Leistungen in Betracht und sind, abgesehen von der sechseckigen Form, in der Bauweise genau die gleichen, wie bei
den runden Trommeln.

Das an den Trommeln herunterrieselnde Wasser wird im
allgemeinen in einem Auffangbehälter gesammelt und abgeleitet. Natürlich ist der Betrieb einer von außen berieselten
Trommel nicht so angenehm und sauber, wie bei einer Trommel, die mit Kühlmantel ausgerüstet ist. Die eckige Form der
Trommel wird vielfach gegenüber der runden Form bevor-
zugt, weil man sich eine innigere Mischung und Durchdringung der Zellulose von dieser Form verspricht. Der Kraftbedarf der Sulfidiertrommeln ist gering und richtet sich nach
den verschiedenen Größen. Dieser schwankt zwischen $^1/_2$ bis
3 PS für Trommeln von 300—1500 l Inhalt.

Ist die Sulfidierung beendet, dann wird das fertige Xanthogenat in nicht zu großen Mengen in die Rührwerke (auch
Löseapparate genannt) abgelassen.

IV. Lagerung und Aufbewahrung des Schwefel=
kohlenstoffes (CS₂).

Einer der schwierigsten Punkte ist die gefahrlose Lagerung
des Schwefelkohlenstoffes. Wegen dessen Feuergefährlichkeit
sind seitens der Gewerbepolizei Vorschriften erlassen worden, die die Lagerung größerer Schwefelkohlenstoffmengen
in bestimmten Räumlichkeiten vorschreiben, die die Gefahr
mindern sollen. Demnach werden fast durchweg die Schwefelkohlenstoffbehälter und Lagerfässer in einem Ge-
bäude aufbewahrt, das eine gewisse Schutzzone, die als Min-
destabstand zwischen den bewohnten Häusern und dem Lager-
schuppen frei bleiben muß, verlangt. Es ist dies wohl eine
Abwehr, aber kein unbedingtes Vorbeugungsmittel, und muß
bei einer derartigen Einrichtung jedenfalls die allergrößte

Vorsicht walten, da schon durch den Schwefelkohlenstoff manches große Unglück hervorgerufen wurde.

Der Schwefelkohlenstoff ist eine leicht entzündliche, wasserhelle Flüssigkeit, deren Dämpfe sich schnell mit Luft vermischen und dann stark explosiv sind. Die Dämpfe haben die unangenehme Eigenschaft, daß sie sehr fest an porösen Gegenständen und insbesondere an langfaserigen, weichen Stoffen, ebenso an Holz, haftenbleiben und dort allmählich schmutzige, schwarz-braune Färbung hervorrufen. Von dem Schwefelkohlenstoff werden fast alle Metalle angegriffen, mit Ausnahme von Kupfer, Blei und Zink. Es sind demnach alle Eisengefäße zur Aufbewahrung von Schwefelkohlenstoff ausgeschlossen, denn mit diesen bildet der Schwefelkohlenstoff das Schwefeleisen, welches sich bei einer Temperatur von $+ 200°$ selbst entzünden kann.

Für eine Fabrik von täglich 1000 kg Kunstseidenerzeugung würde man einen Schwefelkohlenstoff-Lagerschuppen von etwa 15 m Länge und 6 m Breite vorsehen, in dem genügend Schwefelkohlenstoffässer (er wird in Spezialfässern befördert) aufgestapelt werden können. In diesem Schuppen müßten vor allen Dingen zwei Schwefelkohlenstoffsammelbehälter untergebracht werden, die in die Erde eingelassen als Sammelbehälter für den täglichen Fabrikationsgang dienen, und die in der Lage sind, den Schwefelkohlenstoff auf den Sulfidierraum bzw. in die in demselben aufgestellten Schwefelkohlenstoffmeßgefäße herüberzudrücken. Diese beiden Schwefelkohlenstoffbehälter stehender Bauart sind für 5 Atm Luftdruck eingerichtet, müssen jedoch mit Rücksicht auf die vollkommene Dichtheit in der Werkstatt der herstellenden Fabrik einem Probedruck von mindestens 12 Atm unterworfen werden. Diese Sammelbehälter haben einen Durchmesser von 1000 mm bei 2 m Mantelhöhe, einen unteren und oberen eingenieteten gewölbten Boden, der unten mit 3 gußeisernen Füßen versehen ist. Die Behälter sind mit den nötigen Anschlüssen für Schwefelkohlenstoffzulauf auszurüsten und außerdem mit der nötigen Sicherheitsarmatur zu versehen. Das Druckrohr, mit dem der Schwefelkohlenstoff hinausgedrückt wird, ist bis auf den Boden des Behälters zu führen, damit letzterer vollständig entleert werden kann. Natürlich sind die Behälter mit einem entsprechend gut gebauten, vollkommen dicht haltenden Mannloch auszurüsten und so anzuordnen, daß ein wechselweiser Betrieb eines jeden Behälters stattfinden kann. Die Schwefelkohlenstoffbehälter sind zweckentsprechend im Innern homogen zu verbleien, da hierdurch die Gewähr gegeben ist, daß der Bleimantel an den Eisenwandungen haftenbleibt. Die Zerknallgefahr bei dem Schwefelkohlenstoff besteht vor allen Dingen in der Entstehung von entzündbaren Schwefelkohlenstoff-Luftgemischen und war der bisher fast einzige Weg, die Explosion zu verhindern, der, daß man die flüssigen explosiven Stoffe in den Lagerbehältern mit einem nicht brennbaren bzw. die Verbrennung nicht unterhaltenden Gas überlagerte. Hierfür kam dann meistens Stickstoff oder Kohlensäure in Betracht und hat man vielfach in den Schwefelkohlenstoffbehältern auch eine Überlagerung vermittels einer Flüssigkeit vorgenommen, die sich mit dem Schwefelkohlenstoff nicht mischen kann bzw. die auch noch eine gute Trennung erkennen läßt. Auf den Gedanken der Stickstoffresp. Kohlensäureüberlagerung bauen sich insbesondere auch die Druckgaslager- resp. Förderverfahren auf, bei denen die in einem unterirdischen Tank aufbewahrte Flüssigkeit von dem Schutzgas derartig überlagert wird, daß dieses alle Hohlräume im Behälter sowie in den Rohrleitungen ausfüllt. Ferner bewerkstelligt dieses Gas, daß durch seinen Spannungsdruck der Brennstoff desgleichen in den Rohrleitungen emporgedrückt wird und man denselben aus dem Zapfventil austreten lassen kann, wenn dieses geöffnet wird.

Die meisten dieser Einrichtungen haben aber den Hauptfehler, daß bei kleinen Mängeln in den Rohrleitungen oder bei sonstigen etwa auftretenden Undichtigkeiten, sei es in Behältern oder an sonstigen undichten Stellen, Brennstoff unbewachbar austreten kann. Dies führt natürlich zu Verlusten und birgt auch eine gewisse Zerknallgefahr in sich. Bei derartigen Anlagen ist natürlich auch ein weiterer Übelstand der hohe Gasverbrauch, da das Gas auf etwa 0,5—1 Atm Überdruck gehalten werden muß und auch von der Flüssigkeit stark absorbiert wird. Es gibt verschiedene Arten dieser Sicherheitsablagerungen für hochexplosive Flüssigkeiten.

Wenn auch im allgemeinen von Selbstexplosionen des Schwefelkohlenstoffes und seiner Dämpfe nicht gesprochen werden kann, so lassen doch verschiedene Brände, deren Ursache zweifelhaft ist, die Möglichkeit der Selbstentzündung zu.

Beim Umfüllen und Verarbeiten elektrisch erregbarer Flüssigkeiten, wie Äther, Schwefelkohlenstoff, Benzin, Benzol usw., sind Maschinen, Apparate, Stand- und Transportgefäße oder deren Unterlagen, Rohrleitungen, Heber und Trichter, soweit sie aus Metall hergestellt sind, was in allen Fällen das zweckmäßigste ist, mit Kupfer zu erden.

Isolierende Verbindungen zwischen Gefäßen und Rohrleitungen oder in Rohrleitungen und Hebern sind zu vermeiden.

Beim Abfüllen leicht entzündlicher Flüssigkeiten in Glasballons oder Tonkrüge müssen, falls eiserne Trichter zur Verwendung kommen, diese zur Verhinderung der Funkenbildung durch Aufstoßen beim Einsetzen in den Flaschenhals außen mit Kupfer oder einem anderen weichen Metall verkleidet und geerdet sein.

Es sei ein Unfall geschildert, welcher durch die Explosion von Schwefelkohlenstoffdämpfen veranlaßt worden ist. Die näheren Umstände ließen zweifellos erkennen, daß durch die elektrische Erregbarkeit des Schwefelkohlenstoffs die Dämpfe zur Entzündung gelangten. Diese elektrische Erregung beim Strömen von Schwefelkohlenstoff tritt durch metallene Röhren, ähnlich wie bei Benzin, Äther, Benzol usw. ein. Die Explosion ereignete sich beim Abfüllen von Schwefelkohlenstoff aus einem eisernen Barrel in ein Glasgefäß mittels eines kupfernen Topfes und metallenen Trichters. Die Abfüllung geschah im Freien bei Tage und großer Winterkälte im Schnee. Eine Entzündung durch Feuerzeug oder dgl. war ausgeschlossen.

Die Schwefelkohlenstoffdämpfe können an heißen Dampfleitungen zur Entzündung gebracht werden (Selbstentzündung bei 230°). — Durch heftigen Stoß explodiert Schwefelkohlenstoff.

Auf jeden Fall hat die Praxis gezeigt, daß man in Räumen, in denen Schwefelkohlenstoff verarbeitet wird, keine solchen Stoffe vorrätig haben darf, welche die Dämpfe aufsaugen und wieder abgeben können, da hierdurch die Gefahr bedeutend erhöht wird. Bei Bränden kann mit Wasser gelöscht werden, denn Schwefelkohlenstoff ist spezifisch schwerer als Wasser. Auch hat man vielfach Dampf als Löschungsmittel angewandt und damit gute Wirkungen erzielt. Zweckentsprechend wird, wie bereits gesagt, der Hauptaufbewahrungsraum für den Schwefelkohlenstoff, der ganz in Beton auszuführen ist, etwas abseits der Fabrik errichtet und kommen in dem Sulfidierraum jeweils nur die geringen Mengen in Betracht, die für das Sulfidieren gebraucht, und die jedesmal mit Luftdruck besonders herübergedrückt werden, in die kleinen Schwefelkohlenstoffmeßbehälter (Abb. 14), die über jeder Sulfidiertrommel angeordnet sind.

Schwefelkohlenstoff ist ein gewerbliches Gift, vor dessen Berührung und Einatmung der Dämpfe die Arbeiter zu schützen sind.

V. Die Rührwerks= bzw. Löseanlage zur Überführung des Xanthates in Viskose.

Nach beendeter Sulfidierung wird das Xanthat in Mischer abgelassen. In diesen wird dasselbe in verdünnter Natronlauge gelöst. Die Lösung des Xanthogenates soll möglichst schnell und innig erfolgen, und geht dadurch in der Masse eine Veränderung vor sich. Die aufgelöste Xanthatmasse nennt man jetzt Viskose. Diese hat eine gelbe, ins Rötliche schimmernde Farbe und ähnelt in ihrer Zähigkeit Rübensirup oder flüssigem Honig. Der eigenartige Geruch der Viskose ist auf die schwefelhaltigen Verunreinigungen zurückzuführen, die später ausgeschieden werden müssen, wenn sie bei der fertigen Seide nicht unangenehm bemerkbar werden sollen. Das Xanthat läßt man von den Sulfidiertrommeln in die unter diesen stehenden Rührwerke, auch Mixer oder Malaxeure genannt, ab. Meistens ist die Anordnung so getroffen, daß die Sulfidiertrommeln in einer Reihe in dem ersten und die Mischer in dem darunterliegenden Stockwerk angeordnet sind. Zu jeder Trommel gehört ein Mischer; in der Zwischendecke des I. Stockes ist eine Öffnung angebracht, durch welche vermittels einer Rutsche das Xanthat von der Trommel zum Mischer heruntergelassen wird. Der Inhalt des zu jeder Sulfidiertrommel gehörenden Mischers würde mit 1200 l Inhalt ausreichen, jedoch wählt man letztere meistens 25% größer, so daß also den 4 Sulfidiertrommeln von je 1200 l Inhalt 4 Mischer von 1500 l Inhalt entsprechen. Jeder Füllung entsprechen 100 kg Zelluloseeinsatz, also bei 1600 kg täglicher Verarbeitung $\frac{1600}{100} = 16$ Füllungen zu je 100 kg, das macht bei 4 Sulfidiertrommeln $\frac{16}{4} = 4$ malige Befüllung jeder Trommel und eines jeden Mischers. Während allerdings das Sulfidieren nur 2—3 Stunden dauert, dauert das Mischen und Lösen $4^{1}/_{2}$—5 Stunden, je nachdem, wie die Apparate mehr oder weniger vollkommen durchgebildet sind.

Der Gehalt des im Mischer aufgelösten Xanthates an Zellulose beträgt 7,5—8% und an Ätznatron (NaOH) = 6,5 bis 7%. Wichtig für den ganzen Vorgang ist eine vollständige Mischung und die Erreichung einer vollkommenen Homogenisierung der Masse. Um dieses zu erreichen, wird vielfach jeder Mischapparat mit einer Zahnradpumpe oder Zerreibmaschine ausgerüstet. Letztere haben den Zweck, etwa sich bildende Klümpchen und feste Teile zu zermalmen und aufzuschließen. Zu diesem Zweck wird die Masse an der tiefsten Stelle des Mischers abgesaugt und unter fortwährendem Durchlaufen der Pumpe oben wieder eingeleitet. Wesentlich beim Lösen ist die Einhaltung der Temperatur. Da diese im Durchschnitt 15° C betragen muß, sind die Mischer mit einer Mantel- und Bodenkühlung und je nach Größe auch mit einer Innenkühlung auszurüsten. Die Abb. 15 und 16 zeigen einen stehenden Mischer bzw. Löser von 1500 l Inhalt in Ansicht und Schnitt, wie solche für eine Kunstseidenfabrik von 1000 kg täglicher Seidenerzeugung mehrfach geliefert wurden. Der zylindrische Innenmantel besteht aus S.-M.-Stahlblech von 1200 mm Durchmesser und 1500 mm Höhe. In einem Abstand von 40 mm ist dieser zylindrische Innenmantel mit einem Außenmantel umgeben, der so angeordnet ist, daß auch zwischen dem Innen- und Außenboden ein Zwischenraum von etwa 50 mm verbleibt. Der Zusammenhang zwischen Innen- und Außenbehälter wird durch Winkelringe erzielt, die verschraubt und genietet angeordnet sind. Im Innern des Apparates ist eine stehende Welle angebracht, die mehrere versetzt befestigte Flügel besitzt. Diese Flügel sind schräg gestellt, so daß eine schraubenförmige Förderwirkung erzielt wird, die sich noch dadurch erhöht, daß die einzelnen Flügel durch die Kühlschlangengänge hindurchgehen. Die Kühlschlange bewirkt somit außer der Kühlung noch die innige Zerteilung und Mischung der Masse. Der Antrieb des Rührwerks erfolgt vermittels fester und loser Riemscheibe und konischer Räderübersetzung. Die horizontale Welle und auch die stehende Welle sind von Kugellagern getragen. Der untere Spurzapfen ist durch das obere Halskugellager entlastet und dient nur zur Führung der Welle. Ausgerüstet ist das Rührwerk mit einer zweckentsprechenden Ablaßarmatur, die derartig eingerichtet ist, daß der Ablaßkegel mit dem Boden des Rührwerks ziemlich glatt abschließt und so gewährleistet, daß sich keine Masse in den schädlichen Räumen oder Ver-

tiefungen des Ablaßventils festsetzen kann. Wasserkühl-
mantel und Kühlschlange ist mit einem Regulierventil mit
Zifferblatt ausgerüstet, so daß durch zweckentsprechende Zu-
führung des Wassers die notwendige Temperatur stets ein-
gehalten werden kann. Die Überwachung wird durch ein
Thermometer ermöglicht, welches als Winkelthermometer so
ausgebildet ist, daß das Tauchrohr in das Innere des Rührwerkes hineinragt.

Diese Rührwerke werden nun natürlich nicht nur in der
vorbeschriebenen Form, sondern in allen möglichen Arten
ausgeführt, und sind u. a. die sogenannten Muldenmischer

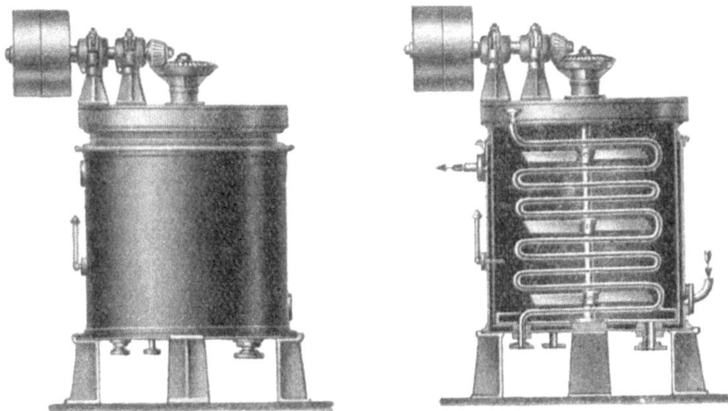

Abb. 15 und 16. Stehender Löser und Mischer.

in Kunstseidenfabriken sehr beliebt (s. Abb. 17). Diese besitzen
ein doppeltes Rührwerk, und zwar an der einen Seite der Stirnwand angeordnet einen sogenannten Propeller und durch
die ganze Mulde hindurchgehend noch ein Rechenrührwerk, welches von der anderen Seite der Mulde angetrieben
wird. Während das Rechenrührwerk nur etwa 25—30 Um-
drehungen/Minute macht, kreist der Propeller mit etwa
125—150 Umdrehungen. Letzterer schleudert die Masse in
das Innere der Mulde, wo sie dann wieder von dem langsam gehenden Rührwerk aufgefangen, gemischt und zerkleinert wird. Um eine gute Zerkleinerung zu erzielen, sind
am Boden des Rührwerkes mehrere gezahnte Temper- oder
Stahlgußstangen angebracht, die von gleichen Zahnstangen, die an dem Umfange des Rechenrührwerkes angebracht sind, bestrichen werden. Zwischen diesen Zahnstangen

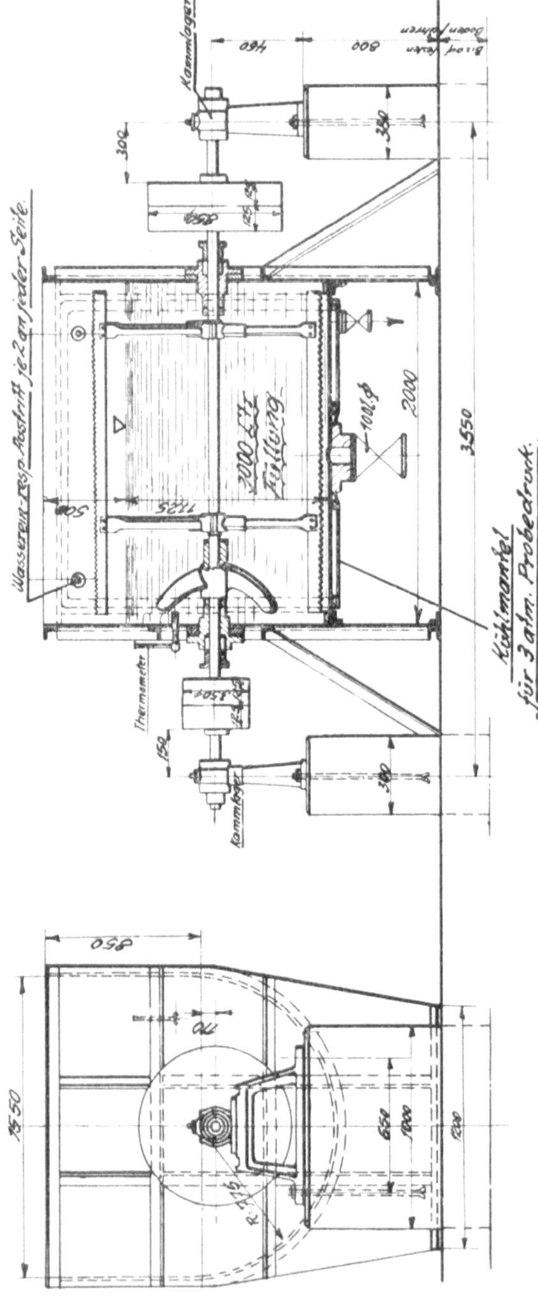

Abb. 17.   Viskose-Muldenmischer, Bauart Ratingen.

befindet sich ein Raum von etwa 2—3 mm, welcher genügt, die Masse und sich etwa bildende Klümpchen zu zerkleinern. Auch dieses Rührwerk, welches meist mit einem Holzdeckel verschlossen wird, erhält die gleichen Zubehörteile wie das vorbeschriebene. Überhaupt ist die doppelte Bewegung von eingebauten Rührwerken zwecks Erzielung inniger Mischung und Aufschließung für die Löser sehr beliebt, und baut man vielfach auch stehende Rührwerke derartig, daß der Antrieb der Flügel durch ein doppeltes konisches Räderpaar erfolgt.

Eine andere Rührwerksbauart ist in der Abb. 18 dargestellt. Diese weicht schon durch ihre äußere Form von den bisherigen Ausführungen insofern ab, als das Unterteil des Mischers konisch ausgeführt ist. Auch ist beim Bau der Inneneinrichtung angestrebt, das Lösen zu beschleunigen und eine vollständige Mischung und Zerkleinerung etwaiger Klümpchen durchzuführen. Im Innern des eisernen Behälters befindet sich eine stehende Welle, die von dem Vorgelege vermittelst konischer Räder angetrieben wird, und die im Unterteil des Konusses in einer besonderen Büchse gelagert ist. Auf dieser Welle sitzt eine aus mehreren Teilen bestehende Schnecke aus Sonderguß, die wieder in einem

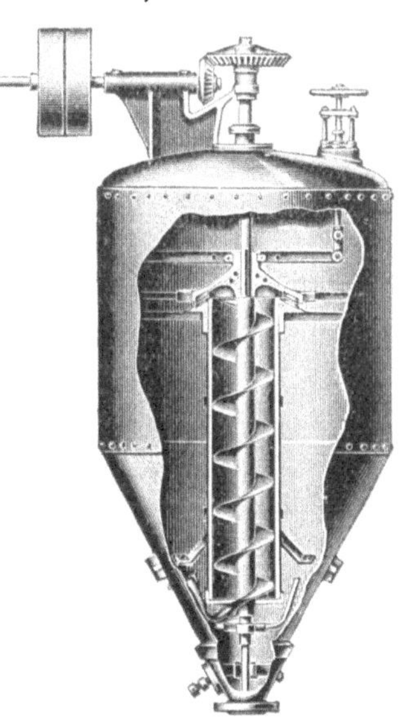

Abb. 18. Stehendes Rührwerk mit Zerkleinerungsvorrichtung.

besonders angeordneten Zylinder, der unten offen ist, sich dreht. Auf den Einsatzzylindern ist eine Zerkleinerungs- und Mahlvorrichtung angebracht, die mit feinen Zähnen versehen ist. Das Unterteil der Mahlvorrichtung sitzt fest auf dem Innenzylinder, während der Oberteil an der Welle befestigt ist und sich dreht. Durch die Drehung der Schnecke wird die Masse aus dem Unterteil des Apparates durch den Innenzylinder nach oben befördert und durch die Scheiben hindurch nach außen zwischen die Zähne der Mahlvorrichtung hindurchgedrückt. Der Abstand der Mahlzähne voneinander kann eingestellt werden, und ist zu diesem Zwecke eine durch Handrad betätigte Hebelvorrichtung vorgesehen. Im Oberteil des Behälters und unten im Konus angebrachte Flügel bewerkstelligen eine weitere Mischung. Die Bauart dieses Rührwerkes ist der Düsseldorf-Ratinger Maschinen- und Apparatebau-A.-G., Ratingen, geschützt und wird dasselbe vielfach noch mit einer Schleuder-Zerkleinerungs-Maschine, wie in Abb. 19 dargestellt, ausgerüstet. Diese Zerkleinerungsmaschinen beschleunigen den Lösevorgang bzw. kürzen diesen bedeutend ab, da die Maschine so eingerichtet ist, daß sie gleichzeitig saugen und drücken kann.

Abb. 19. Schleuderzerkleinerer.

Die Bauart der Maschine ist aus den Abb. 20—23 zu erkennen. Die zu zerkleinernde Masse wird der Mitte der Maschine zugeführt und entsprechend den nach dem Umfange hin vergrößerten Abständen der Mahlzähne auf den Mahlscheiben allmählich zusammengedrückt, je weiter sie nach dem Umfange hin kommt. Endlich wird die Masse vom Umfange aus angesaugt, so daß sie auf ihrem Wege von der Mitte zum Umfange mit möglichst großer Gewalt in radialer Richtung sich vorwärts bewegen will und dabei stets auf dem radialen Vorrücken entgegentretende Widerstände in Form der einzelnen Mahlzähne prallt, also stets wieder zwischen den Zähnen verarbeitet werden muß. Auf diese Weise kann kein Gut austreten, ohne gründlich und vollkommen zwischen den Mahlzähnen verarbeitet worden zu sein.

Sowohl die kreisende Mahlscheibe G als auch die auf der Innenseite des Deckels D angeordnete feststehende Scheibe F sind von dem Umfange nach der Mitte hin kegel-

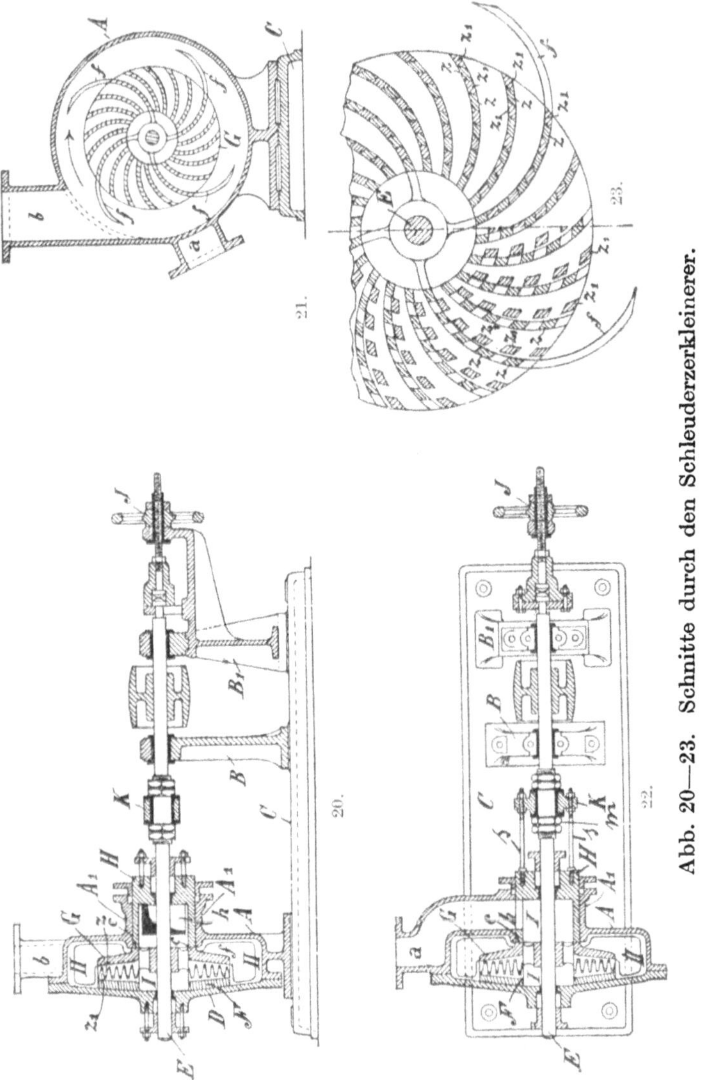

Abb. 20—23. Schnitte durch den Schleuderzerkleinerer.

oder trichterförmig vertieft, und zwar nach entgegengesetzten Richtungen, so daß der zwischen beiden Scheiben gebildete Mahlraum von der Mitte nach außen hin allmählich an Dicke bzw. Höhe abnimmt.

Dementsprechend sind auch die auf diesen Mahlscheiben angeordneten Zähne z bzw. z_1 nicht gleich hoch, sondern nehmen von der Mitte nach außen hin allmählich ab, so daß sie also in der Mitte tiefer ineinandergreifen als am Anfange, und zwar stets von beiden Seiten so tief, als es mit Rücksicht auf Reibung und gutes Mahlen eben zulässig erscheint. Die Zähne bilden auf beiden Mahlscheiben Reihen von einzelstehenden Zähnen bzw. gezahnten Rippen, derart, daß die Zähne der kreisenden Scheibe sich durch die Zahnlücken der feststehenden Scheibe hindurchbewegen.

Abb. 23 zeigt in der rechten Hälfte die Zahnreihen gerade ineinanderstehend, während in der linken Hälfte die Zähne z der bewegten Scheibe die Zähne z_1 der stillstehenden eben verlassen haben.

Die kreisende Scheibe G trägt an ihrem Umfange bzw. Rücken gekrümmte Schleuderflügel f, welche dazu dienen, die in der Mitte der kreisenden Scheibe G um die Achse E herum zutretende Viskose zunächst anzusaugen, zwischen die Mahlscheiben hineinzusaugen und dann zwischen den Scheiben hindurch nach außen in den von den Flügeln f durchstrichenen Raum hindurchzudrücken.

Es sind also im Innern des Mühlengehäuses zwei Räume, I und II, gebildet, welche auch durch das eigentliche Mahlgehäuse (oder den oben erwähnten, von innen nach außen hin allmählich sich verjüngenden Mahlraum) in der Weise miteinander in Zusammenhang gebracht sind, daß sich beim Arbeiten der aufeinander mahlenden Teile regelmäßig wiederkehrend für kurze Zeit kleine Verbindungskanäle zwischen beiden Räumen öffnen, welche die unverarbeitete Viskose aus dem Raum I bzw. die in diesem verarbeitete Viskose aus dem Mahlraum hinaus in den Raum II treten lassen.

Der Vorgang im Apparat ist nun folgender: Die bei a zugeführte Viskose wird durch die Einwirkung der Flügel f in den Raum I hinein- und von diesem in den Mahlraum gesaugt, geht hier zwischen den Zähnen z und z_1 hindurch, wobei sie aufs Feinste und Gleichmäßigste zerkleinert wird. Sie wird aus dem Mahlraum in den Raum II abgesaugt und aus diesem durch b ausgetrieben.

Raum I bildet einen in der Mitte des Ganzen liegenden, nur die Achse E und die durchbrochene Nabe der kreisenden Mahlscheibe G enthaltenden Zylinder. Um diesen legt sich ringförmig der mit dem Abführungsrohr b verbundene Raum II etwa von halber Höhe des Zylinders. Das nicht von

II umschlossene Zylinderstück steht mit dem Zuführungsrohr *a* für das Gut in Verbindung.

Die Achse *E* läuft in Bocklagern $B B_1$, die mit dem Gehäuse *A* auf derselben Grundplatte *C* stehen, sowie in Stopfbüchsenlagern bei ihrem Durchgang durch das Gehäuse *A* und dessen Deckel *D*.

Die Zähne sind in Form von abgestumpften Pyramiden mit rechtwinkligem Querschnitt hergestellt, und zwar deshalb, weil sie für die Zerkleinerung insofern am zweckmäßigsten geeignet sind, als dabei auch die Spitzen der Zähne eine zermalmende Wirkung auf die Viskoseklümpchen ausüben.

Dem Verschleiß der Zähne und der gewünschten Zerkleinerung des Gutes durch Verstellbarkeit der Scheibe *G* ist dadurch Rechnung getragen, daß Raum *I* einerseits gegen den Raum *II* stets gut abgeschlossen, anderseits in Verbindung mit *a* bleibt. Dies ist dadurch erreicht worden, daß in den Hals des Gehäuses A_1 eine Büchse *H* eingesetzt ist, welche durch einen seitlichen Ausschnitt *h* die Verbindung mit *a* ermöglicht, hinten das Stopfbüchsenlager zum Durchtritt der Achse *E* trägt und vorn dicht schließend gegen den hinteren Rand *c* der kreisenden Scheiben *G* gepreßt ist. Werden nun mittels der aus Handrad und Spindel gebildeten Nachstellvorrichtung am Bock B_1 die Scheiben *G* und *F* einander genähert, so bleibt *H* stehen, und es entsteht zwischen *H* und *G* ein Zwischenraum. Um nun den Dichtschluß zwischen *G* und *H* wiederherzustellen und ein Zurückziehen von *G* und Bremsen gegen *H* zu vermeiden, ist die Einrichtung getroffen, daß *H* mit *G* verschoben wird, jedoch ein Nachstellen von *H* zu *G* entsprechend dem allmählichen Verschleiß der Laufflächen unabhängig stattfinden kann. Zu dem Zweck ist zwischen *A* und *B* auf Achse *E* ein Querstück *K* zwischen Muttern *m* verschieblich befestigt, welches durch Schrauben *s* mit *H* fest verbunden ist.

Auf diese Weise ist ein stets genaues Ineinandergreifen der Zähne, also gutes Vermahlen des Gutes einerseits und ein guter Schluß zwischen *G* und *H*, also gleichmäßige Saugfähigkeit des Apparates, andererseits ohne Instandhaltungsarbeiten ermöglicht und gesichert.

Diese Zerkleinerungsmaschine hat sich in der Praxis bewährt und ist der Verwendung einer Zahnradpumpe vorzuziehen. Die Zahnradpumpe fördert bekanntlich die Viskose nicht zwischen den ineinander kämmenden Zähnen, sondern an dem Umfange in den Zahnlücken. Die Zerkleinerung durch eine Zahnradpumpe bleibt also stets unvollkommen.

Eine andere Art der Zerreibmaschinen, die sich auch sehr gut bewährt hat, ist die von der Fa. Fr. August Neidig, Mannheim, gebaute Zerreibmaschine. Diese besitzt mehrere Zerkleinerungs- bzw. Mahlscheiben, die mit Löchern von verschiedener Größe versehen sind. Eine Pumpe quetscht die Viskose durch die Zerreibmaschine hindurch, und in den Öffnungen der kreisenden Scheiben wird die Viskose zermahlen bzw. die Klümpchen zerkleinert. Die Mahlscheiben mit den großen Löchern befinden sich an der Eingangsseite, die Mahlscheiben mit den feinen Löchern an der Ausgangsseite. Diese Zerreibmaschine erfordert noch eine Förderpumpe, während die andere Zerreibmaschine gleichzeitig auch die Viskose ansaugt, fortdrückt und dadurch gewissermaßen als Schleuderpumpe wirkt.

Da im allgemeinen die Sulfidiertrommeln und Lösekessel in ihrer Größe aufeinander abgestimmt sind, ist es empfehlenswert, die verschiedenen Viskosechargen vor dem Eintritt in die weitere Verarbeitung nochmals zu mischen. Hierzu bedient man sich sogenannter Nachmischer, die in einer Größe von 6000 bis 10 000 l angefertigt werden, die also 5—8 Füllungen aus den Lösern aufnehmen und vermischen können. Ein solcher Nachmischer ist in der Abb. 24 dargestellt. Derselbe besteht aus zylindrischem Mantel mit eingenieteten gewölbten Böden. Der Mantel ist als Kühlmantel durchgebildet und doppelwandig ausgeführt. Im Innern des Apparates kreist ein mit etwa 30 Umdrehungen in der Minute laufendes, eigentümlich durchgebildetes Rührwerk mit versetzt angeordneten, schräggestellten Rührarmen. Letztere sind durch tangential wirkende schraubenartige Schaufeln miteinander verbunden. Der Nachmischer ist für Vakuum und Luftdruck eingerichtet, die Viskose wird von den Mischapparaten der Lösestation eingesaugt, nochmals entlüftet und dann mit 5—6 Atm Luftdruck in die Viskosestation übergedrückt. Für 6 000—10 000 l Inhalt beträgt der Kraftbedarf etwa 8—12 PS.

VI. Der Viskosekeller. Das Filtern und Reiten.

Von dem Nachmischer wird die Viskose, die eine mehr oder weniger dicke Lösung des Doppelxanthogenates (von Zellulose und Natrium) darstellt, mit Preßluft in die

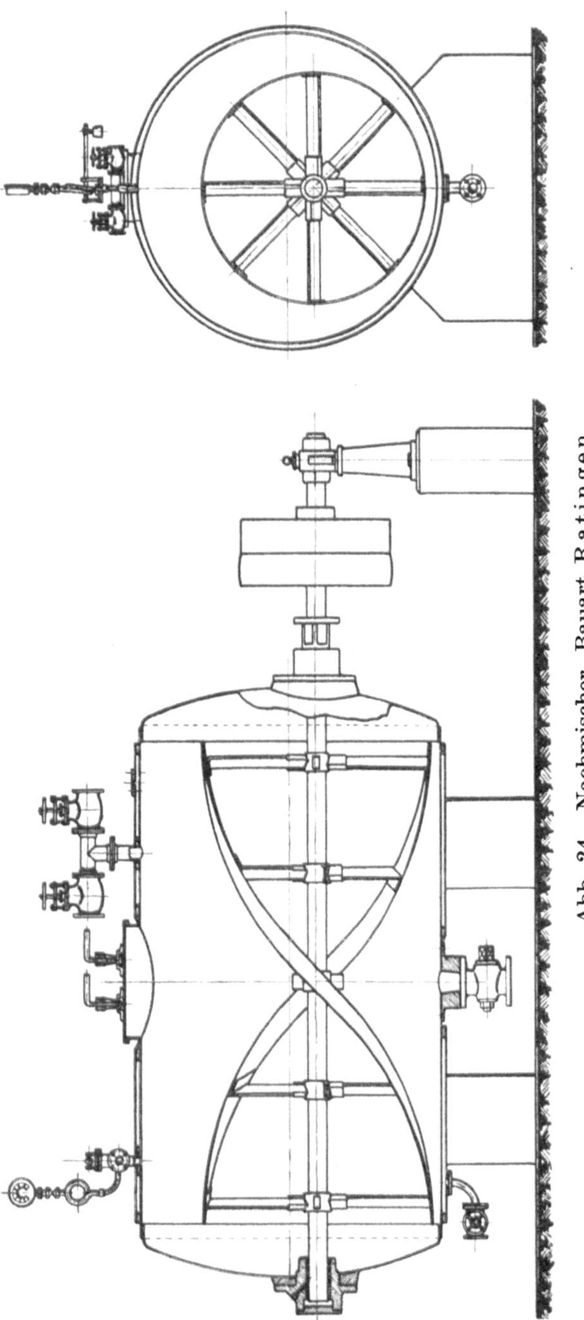

Abb. 24. Nachmischer, Bauart Ratingen.

Aufnahmekessel, die in einem besonderen Raum, dem Viskosekeller, stehen, übergedrückt. Die Viskose wird später beim Spinnen in geeigneten Bädern, die aus Salzlösungen mit Säuren bestehen, ausgefällt. Diese Ausfällung kann nur mit vollständig ausgereiften Viskoselösungen durchgeführt werden. Der gute, einwandfreie Fabrikbetrieb hängt ebenso wie die Beschaffenheit der später erzeugten Kunstseide von dem Zustand ab, in dem sich die Viskose befunden hat. Der richtige Reifezustand der Viskose ist also ein sehr wichtiger Faktor, und für die Praxis der Viskosekunstseidenerzeugung ist es sehr wichtig, eine Prüfungsart zu besitzen, die den richtigen Reifezustand der Viskose unschwer erkennen läßt. Es gibt verschiedene chemische Arten, die den richtigen Reifezustand erkennen lassen, jedoch sollen diese Prüfungsarten an dieser Stelle nicht weiter berührt werden, weil sie in den meisten Fällen als besondere Geheimnisse der einzelnen Fabriken gehütet werden. Kurz erwähnt sei nur, daß man sich an Hand der Fällgeschwindigkeit unter der Einwirkung eines bestimmten Fällmittels Rechenschaft über den Fortgang der Reife geben kann. Eine größere Fällgeschwindigkeit entspricht einer gereifteren Viskose, und es ist demzufolge leicht, den Reifezustand zahlenmäßig durch die Menge des für eine bestimmte Fällung erforderlichen Fällungsmittels anzugeben. An dieser Stelle sei auf die besondere Prüfung von I. Fréré in La Revue des Produits Chimiques hingewiesen. Erwähnt sei auch, daß man sich zur Bestimmung des Reifegrades der Viskose vielfach der kolloidchemischen Methode von Hottenroth, Ch.-Ztg. 1915 (S. 119), bedient. Diese Art beruht darauf, daß mit fortschreitender Reife die zur Koagulation benötigten Elektrolytmengen geringer werden.

Aus den 3 Aufnahmekesseln zu je 6000 l Inhalt gelangt die Viskose durch Filterpressen in 2 weitere Aufnahmekessel, dann nochmals durch 2 Filterpressen in die nächstfolgenden beiden Aufnahmekessel und von hier aus durch 2 Filterpressen in die sogenannten eigentlichen Viskosereifekessel. Es findet also ein dreimaliges Filtrieren statt. Das erste Filtrieren wird über grobes Biber- und grobes Nesseltuch ausgeführt. Beim zweiten Filtrieren sind die Filterplatten mit 2 groben, übereinandergelegten Bibertüchern versehen, wohingegen die Pressen des dritten Filterns je ein grobes Bibertuch, $^{1}/_{2}$ Lage Watte und ein feines Nesseltuch erhalten. Nach Beendigung des Filterns ist die Viskose vollständig geklärt, und das Reifen in den eigentlichen **Spinn**- oder **Reifekesseln** kann beginnen.

Während in den Sulfidiertrommeln die Alkalizellulose durch die Berührung mit Schwefelwasserstoff in Zellulose-Sulfo-karbonat überführt wurde, hat sich dieses jetzt durch die weitere Behandlung in eine Sulfokarbonatlösung verwandelt, die nach der Filtration und etwa 6—7 tägiger Reife nach vorhergegangener Entlüftung spinnfertig ist.

Die schematische Anordnung einer solchen, allerdings kleineren Vorbereitungs- und Reifekesselanlage ist in der Abb. 25 veranschaulicht. Die Temperatur des Sulfokarbonats muß in den Kesseln dauernd auf 12—15° C gehalten werden. Der Viskoseraum ist infolgedessen kühl anzulegen, und eignet sich am besten hierfür ein Kellerraum. In den Fällen, wo eine Verlegung in die Erde als Keller nicht möglich ist, sind die Wände des Raumes mit Wärmeschutz zu bekleiden, oder es ist eine **künstliche Kühlung** vermittels Sohle anzulegen. Letzteres kommt hauptsächlich für die südlicheren Länder in Betracht. In diesem Falle werden die **Kühlschlangen** reihenweise an der Decke des Raumes an-

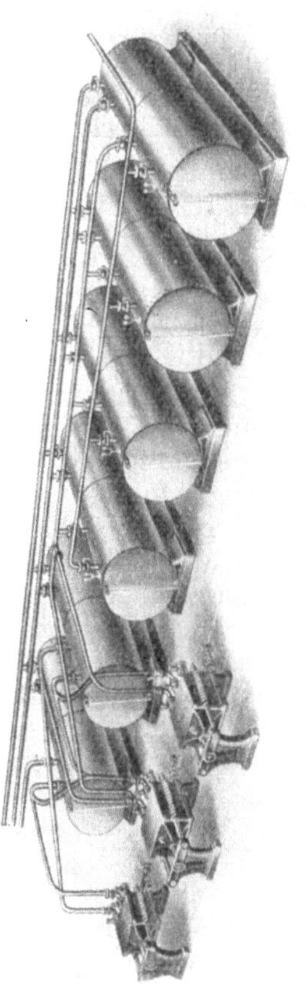

Abb. 25. Vorbereitungs-, Filter- und Reifekesselanlage.

geordnet, während die **Kühlanlage**, also **Gaspresser**, **Kondensator**, **Verdampfer** und Zubehör, in einem besonderen, in der Nähe des **Viskosekellers** liegenden Raum angebracht wird.

Die schmiedeeisernen, genieteten **Viskoseaufnahmekessel** sind mit einem ovalen Mannloch, welches mit

Bügelverschluß ausgerüstet ist, versehen. An der Vorderwand ist ein Flüssigkeitsstandanzeiger mit einer Glasröhre von mindestens 30 mm l. W. angeordnet, damit die Viskose in dem weiten Rohr bequem hochsteigen kann. Der Flüssigkeitsstand muß oben und unten mit einem Absperrorgan ebenfalls mit eingeschraubtem Stopfen versehen sein, das ein Durchstoßen des Standes und eine bequeme Reinigung ermöglicht. Am Oberteil erhält jeder Viskosekessel einen Anschlußstutzen für Preßluft und Vakuum, einen Füllstutzen und einen Stutzen für den Viskoseaustritt. Letzterer ist mit einem Tauchrohr ausgerüstet, welches in einen am Unterteil der Viskosekessel angeordneten gußeisernen Sack mündet. Durch dieses Tauchrohr wird eine vollständige Entleerung der Kessel vermittels Preßluft gewährleistet. Von hier aus wird die Viskose auf die Spinnmaschinen in den Spinnsaal hineingedrückt. Sämtliche Formstücke und Hähne sind aus Gußeisen anzufertigen. Die Absperrhähne müssen mit Stopfbüchsenabdichtung versehen und so gebaut sein, daß eine leichte und bequeme Reinigung gewährleistet wird.

Eine gute und dauernde Entlüftung der Viskose ist unbedingt notwendig, weil sämtliche Luft aus der Viskose entfernt werden muß, bevor diese auf die Spinnmaschinen gelangt. Schlecht entlüftete Viskose, also solche, die noch Luftbläschen enthält, läßt sich nicht verspinnen. Diese führt beim Spinnen zu Fadenbrüchen und dauernden Betriebsstörungen. Luftbläschen machen die Herstellung eines zusammenhängenden, spinnbaren Fadens unmöglich.

Bekanntlich ergeben 100 kg Zelluloseblätter etwa 320 kg Alkalizellulose, welche wieder einen Raum von 920 l einnehmen. Hieraus entstehen dann 1100 l = 1250 kg Viskose. Für eine Kunstseidenfabrik, die entsprechend einer täglichen Verarbeitung von 16—1700 kg Zellulose 1000 kg Seide erzeugt, müßte der Viskosekeller eine Grundfläche von 520 qm haben. Bei etwa 3 m lichter Höhe des Raumes ist der Gesamtinhalt 1560 cbm. Für das 1., 2. und 3. Filtern kommen je 2 Filterpressen in Betracht. Dieselben haben geriffelte Platten und bei 670 mm Größe im Quadrat der Platten eine Filtrierfläche von je 12 qm. Die Filtration von den einzelnen Aufnahmekesseln durch die Filterpressen und von da in die Spinnkessel erfolgt mittels Preßluft.

Für 1600 kg Zellulose kommen etwa 18 000 l bzw. 20 000 kg Viskoselösung in Frage. Hierfür sind aufzustellen: 4 Vorbereitungs- bzw. Aufnahmekessel von je 5500 l Inhalt, je 2 Filterpressen für das 1., 2. und 3. Filtern, sowie 4·6 = 24 Spinnkessel (Arbeitskessel) von je 5000 l Inhalt. Diese Anzahl gründet sich auf einer 6—7 tägigen Reifedauer und muß von diesen 24 Arbeitskesseln täglich der Inhalt von 4 Kesseln verarbeitet werden. Die Arbeitskessel haben bei einem Durchmesser von 1500 mm eine Länge von 2800 mm. Sie sind für Vakuum und 5 Atm Luftdruck eingerichtet, und zur Überwachung der Druck- und Vakuumverhältnisse ist auf jedem Kessel ein gut sichtbares Mano-Vakuummeter angebracht. Der Haupteingang zum Keller ist ebenfalls zweckentsprechend als doppelter Türeingang auszubilden, um zu verhindern, daß ein unmittelbarer Temperaturaustausch durch Luftströmung zwischen dem Kellerinnern und der Außenluft stattfinden kann. Bei der reihenweisen Anordnung der Viskosekessel läßt sich auch die Rohrleitung leicht übersichtlich verlegen, denn es ist darauf Rücksicht zu nehmen, daß wahlweise der Inhalt jedes Kessels, wenn er gereift ist, durch die Hauptleitung nach dem Spinnsaal herübergedrückt werden kann. Obwohl die gut filtrierte, gut gelüftete und gereifte Viskose im allgemeinen sehr klar ist, ist es doch zweckmäßig, dieselbe kurz vor dem Eintritt in die Spinnmaschine nochmals zu filtrieren. Aus diesem Grunde erhält jede Spinnmaschine noch eine besondere Filterpresse von etwa 300—350 mm im Quadrat der Platten. In diesen Filterpressen wird die Viskose nochmals gereinigt, und es soll verhindert werden, daß irgendwelche festen Bestandteile mit in die Düsen gelangen, diese verstopfen oder sonst den Faden unangenehm beeinträchtigen. Anstatt der kleinen Filterpresse von 300 bis 350 mm Plattenlänge, die für jede einzelne Spinnmaschine in Betracht kommt, könnten auch 3—4 Spinnmaschinen gemeinschaftlich an eine größere Filterpresse von etwa 470 mm und etwa 8 qm Filtrierfläche angeschlossen werden.

VII. Der Spinnsaal
und die Schleuder=Spinnmaschinen.

Am meisten verbreitet sind zur Zeit in Kunstseidenfabriken noch die Spinnmaschinen, welche die aus den Düsen austretenden Seidenfäden auf Spulen spinnen. Diese Spinnmaschinen, sogenannte Spulen-Spinnmaschinen, kommen hauptsächlich für die feinen Titres in Betracht. Sie haben aber den Nachteil, daß sie infolge der umfangreichen Spulenwäscherei eine große Anzahl Spulen benötigen und vor allen Dingen viel mehr Arbeitslöhne verschlingen als eine Schleuder - Spinnmaschine. Die Spulenmaschine ist nicht in der Lage, den auf die Spulen aufgewickelten Faden zu gleicher Zeit zu zwirnen, und die Einrichtung einer vollständigen Zwirnerei ist unumgänglich. Bei den Spulmaschinen wird die spinnfähige Viskose von dem Viskosekeller in die Rohrleitungen der einzelnen Maschinen gedrückt und von dort mittels besonderer Pumpen, die eine bestimmte Abmessung gewährleisten, zu den einzelnen Spinnstellen befördert. Es kommen verschiedene Bauarten dafür in Betracht, und diese Spinnpumpen sind zwischen Viskoserohr und Spinndüsen in einem besonderen Halteböckchen eingeschaltet. Letzteres hat vor allen Dingen den Zweck, die Viskose den Spinndüsen gleichmäßig zuzuführen. Die aus den Düsen (es kommen Glas- oder Goldplatinadüsen in Betracht) austretende Viskose gelangt in ein Fällbad, in welchem sie sofort derartig zersetzt wird, daß man die aus den Löchern der Düsen ausgesponnenen Fäden zu einem Bündel zusammenfassen und auf die Spulen, welche auch in einem schwächeren Fällbad laufen, zu einem endlosen, allerdings ungezwirnten Faden aufwickeln kann. Wenn die Spulen genügend vollgesponnen sind, wird auf leere Spulen umgeschaltet. Die vollen Spulen werden abgenommen und in der Spulenwäscherei säurefrei gewaschen. Die gewaschene Seide wird dann auf den Spulen in Trockenschränken getrocknet und, um ein besseres Zwirnen zu erreichen, vorher wieder befeuchtet. Diese Spulenseide wird dann auf besonderen Zwirnmaschinen auf einen bestimmten Drall, der den jeweiligen Deniers entspricht, gezwirnt, auf Haspelmaschinen abgehaspelt und später gebleicht. Die sehr teuren Zwirnmaschinen und auch die mit der Zwirnerei in Verbindung stehenden Mehraufwendungen an Arbeitslohn verteuern die Herstellung der Seide ganz bedeutend, und das ist ein großer Nachteil der Spulenmaschinen.

Bei den Topfspinnmaschinen (Schleudermaschinen), bei denen die aus den Düsen austretenden Seidenfäden in sich schnell drehende Schleudertrommeln hineingesponnen werden, fällt die Spulenwäscherei, die große Anzahl teurer Spulen und auch die Zwirnerei vollständig fort und ermöglicht die Topfspinnmaschine (Abb. 26—28,

Darstellung von neuzeitlichen elektrischen Schleuderspinnmaschinen in Ansicht und Querschnitt) auch weiter infolge

Abb. 26. Ansicht einer neuzeitlichen elektrischen Schleuderspinnmaschine. D. R. P. der Düsseldorf-Ratinger Maschinen-
und Apparatebau-A.-G.

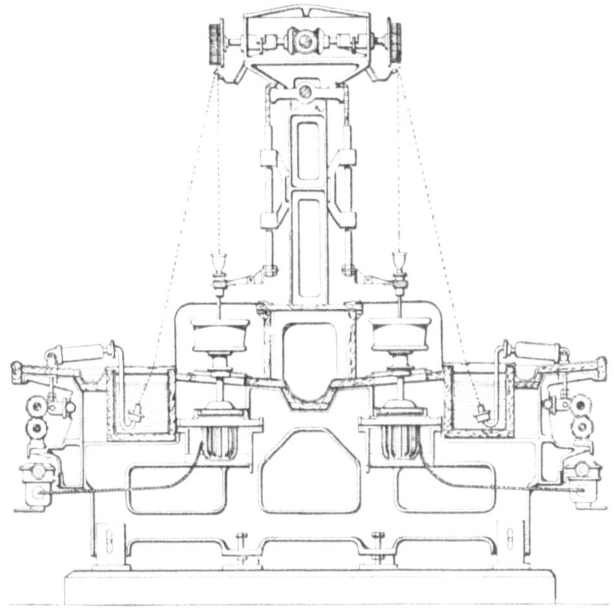

Abb. 27. Ratinger Elektro-Schleuderspinnmaschine mit Siemens-
Schuckert-Motorantrieben.

ihrer größeren Leistungsfähigkeit eine bedeutende Ersparnis und·entsprechende Verbilligung in der Herstellung der
Viskoseseide (s. Tabelle I, S. 53).

Wenn auch die Schleudertopfspinnmaschinen gegenüber den Spulenmaschinen einige Nachteile, insbesondere in bezug auf den Abfall, aufweisen, so sind die in

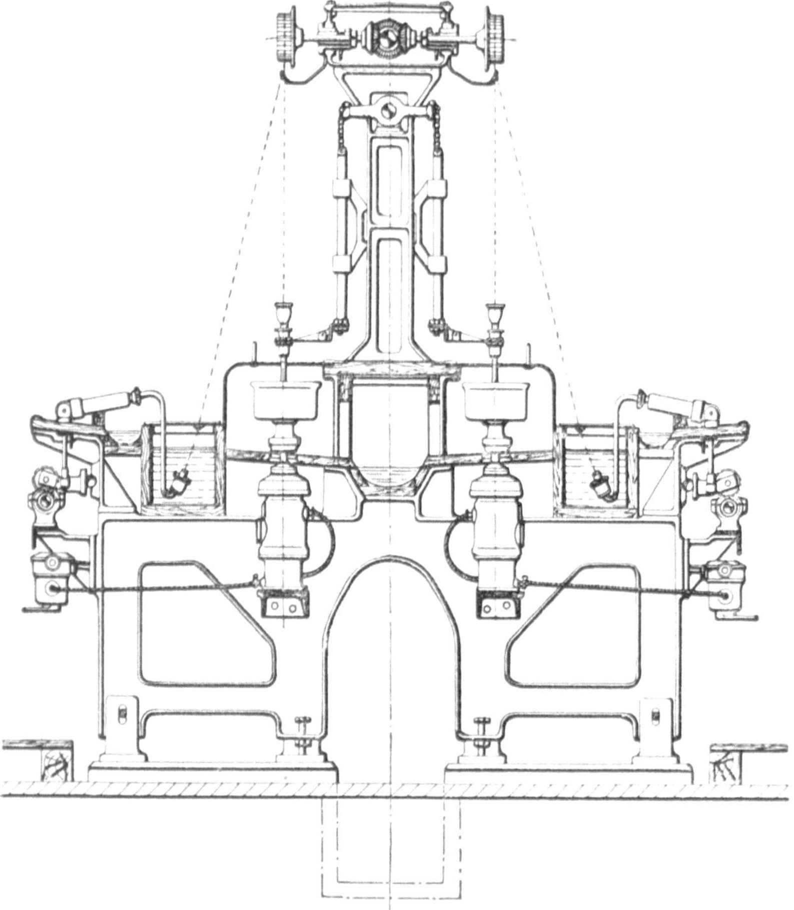

Abb. 28. Ratinger Elektro-Schleuderspinnmaschine mit Ramesohl & Schmidt Motorantrieben.

die Wagschale fallenden Vorteile dieser Maschinen doch so groß, daß diesen unbedingt der Vorzug gegeben werden muß, wenn es sich um die mittleren Titres von 120 an aufwärts handelt. Während in England, Frankreich und Belgien

Schleuder-Spinnmaschinen schon lange mit bestem Erfolg in Betrieb sind, geht man auch in Deutschland langsam dazu über, diese Spinnschleudern nach und nach einzuführen. Einige leitende deutsche Kunstseidenfabriken haben Spinnschleudern schon länger in Betrieb, deren Bauart aus Gründen des Wettbewerbs stets so geheim gehalten wurde, daß sich deutsche Maschinenfabriken mit dem Bau derartiger Topf- oder Schleuder-Zentrifugenspinnmaschinen wenig beschäftigten. Bei der heutigen schwierigen wirtschaftlichen Lage ist das Augenmerk der Kunstseidenindustrie ganz besonders darauf zu richten, die Herstellungskosten der Seide auf ein Geringes herabzudrücken, damit die große Anzahl ausländischer Seidenfabriken nicht in Zukunft den Markt allein beherrscht. Die Schwierigkeit bestand bisher noch immer in der Beschaffung einer betriebssicher arbeitenden Maschine, und es ist zu begrüßen, daß die deutsche Maschinenindustrie diesem Zweig erhöhte Aufmerksamkeit zugewandt hat und heute in der Lage ist, mit an der Spitze zu marschieren.

Tabelle I

Schleuder-Spinnmaschinen mit vollständiger Auskleidung.

Anzahl der Spinnstellen		Kraftbedarf bei Betrieb und Anlassen	Nettogewicht	Bruttogewicht mit seegemäßer Verpackung
2	einseitige	$^3/_4$—1 PS	900 kg	1 400 kg
6	Maschinen	1,5—2 PS	1 200 kg	1 600 kg
12		3—3$^1/_2$ PS	3 000 kg	4 000 kg
24		4—4$^1/_2$ PS	5 500 kg	6 800 kg
36	doppelseitige	5,5—6,5 PS	7 000 kg	8 300 kg
48	Maschinen	8—10 PS	8 500 kg	10 000 kg
60		14—16 PS	10 500 kg	12 000 kg
72		15—17,5 PS	12 500 kg	14 500 kg

An Spinnmaschinen gibt es nun verschiedene Bauarten. Während man früher fast ausschließlich Spulen- oder Bobinenmaschinen verwandte, haben sich in neuerer Zeit die Schleuder- (Zentrifugen-) Spinnmaschinen sehr gut eingeführt. Bei den ersteren Maschinen ist eine große Anzahl Spulen erforderlich, und die Wäscherei der Spulen bedingt eine langwierige und kostspielige Arbeit. Außerdem haben diese Maschinen den Nachteil, daß der Faden auf besonderen Zwirnmaschinen, die auch wieder sehr viel Arbeitslohn verschlingen, gezwirnt werden muß. Zudem ist die Leistungsfähigkeit der Spulenmaschinen verhältnismäßig gering. Die

Vorteile der Schleuderspinnmaschine bestehen im wesentlichen in einer größeren Leistungsfähigkeit, weil die einzelnen Schleudertöpfe sehr viel Seide aufzunehmen in der Lage sind. Gleichzeitig wird auf dieser Spinnmaschine durch die Topfdrehung der Faden gezwirnt und wird, da auch die Bedienung der Maschine eine sehr einfache ist, bei hoher Leistung viel Arbeitslohn gespart. Eine Schleuderspinnmaschine ist im Querschnitt und in der Ansicht in den Abb. 29 und 30 dargestellt. Bei dieser Maschine, die mehrfach geschützt ist, wird die Viskose mit Preßluft durch an den beiden Seiten angeordnete Rohre *8* der Abb. 29 hindurchgedrückt. Sog. kleine Spinnpumpen *9* fördern die Viskose unter Begrenzung der in Betracht kommenden Mengen durch Hartgummifilter *10* in ein Fällbad *7*. In diesem Fällbad sind in einem Hartgummikopf *11* Düsen aus Gold oder Platina angeordnet, die eine mehr oder weniger große Anzahl feiner Löcher besitzen. Durch diese Löcher wird dann der Faden durch Druckluft hindurchgepreßt und gelangt unter Durchlaufen des Fällbades, welches infolge seiner chemischen Wirkung den flüssigen Faden in einen festen überführt, auf die Glasrollen *12*, die im Oberteil der Maschine angeordnet sind. Die Glasrollen, die mit einer bestimmten Geschwindigkeit laufen, führen den Faden senkrecht herunter durch die Glastrichter *13* in die Spinntöpfe *1*. Letztere machen etwa 5000 Umdrehungen in der Minute und liegen in den Kammern *2*, die durch Deckel *3* bedient werden, eingekapselt, um zu verhindern, daß abgespritzte Teile des Fällbades die Bedienungsleute belästigen. Die Spinntöpfe *1* werden durch die Antriebe *14* in Drehung versetzt, und das von den Töpfen abgespritzte Fällbad läuft in die Rinne *6*, wo es aufgefangen und wieder benutzt wird. Durch den Kanal *5*, der durch die Scheidewand *4* in zwei Teile geteilt wird, werden die sich bildenden Schwefelsäuredämpfe mit einem Ventilator abgesaugt. Der Seidenfaden wird also in den Töpfen *1* zu einem sog. Seidenkuchen aufgewickelt und der Seidenfaden besteht jetzt aus mehreren feinen Einzelfädchen entsprechend der Lochzahl in den Düsen. Ein in einem Aluminiumtopf eingesponnener Kuchen ist in der Abb. 31 veranschaulicht, während die Abb. 32 den aus dem Aluminiumtopf herausgenommenen, auf ein Holzbrettchen aufgestellten Kuchen darstellt. Eine solche Spinnmaschine mit bis zu 60 Töpfen in der Maschine ist in Abb. 30a (Taf. I) dargestellt.

Die auf der Maschine erzeugten Seidenkuchen der Abb. 32 haben, wenn sie die Maschine verlassen, eine schmutziggelbe

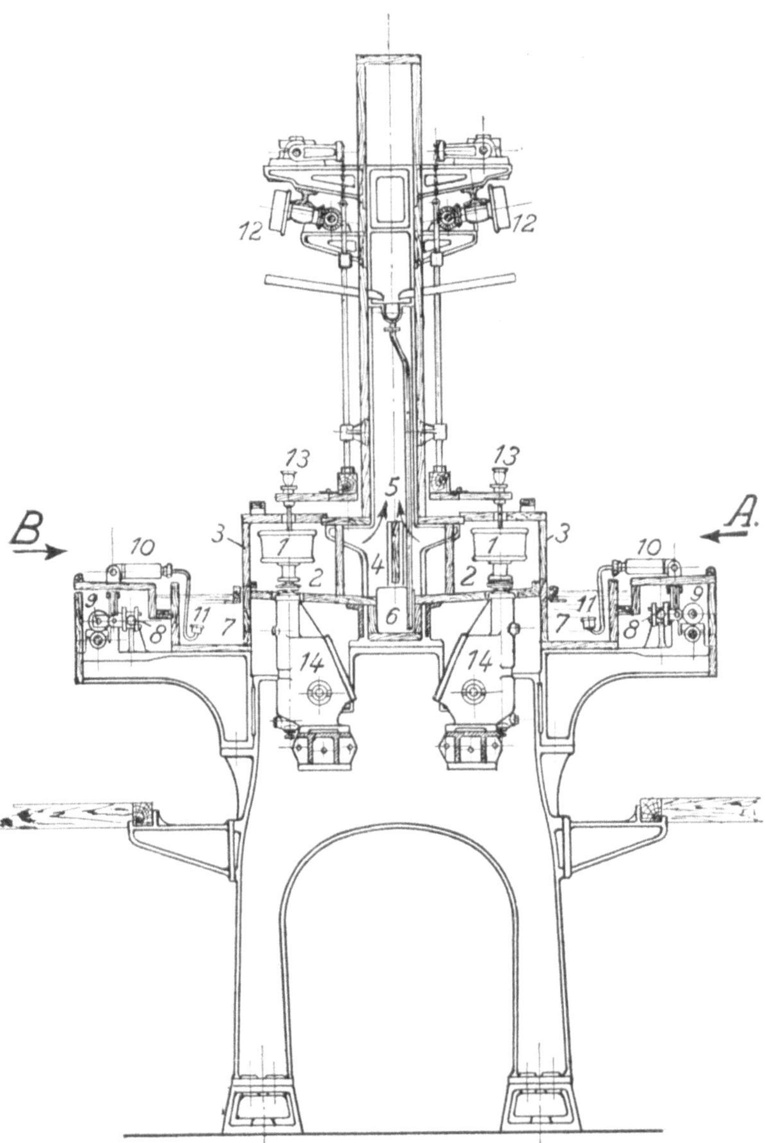

Abb. 29.   Querschnitt einer Schleuder-Spinnmaschine
mit Schneckenradantrieben.

Farbe. Diese rührt von den Schwefelnebenstoffen der Schwefelkohlenstoffreaktion und von der aufgenommenen Fällbadflüssigkeit her. Die Anwendung einer geeigneten Fällbadflüssigkeit ist natürlich sehr wesentlich. Fast jede Kunst-

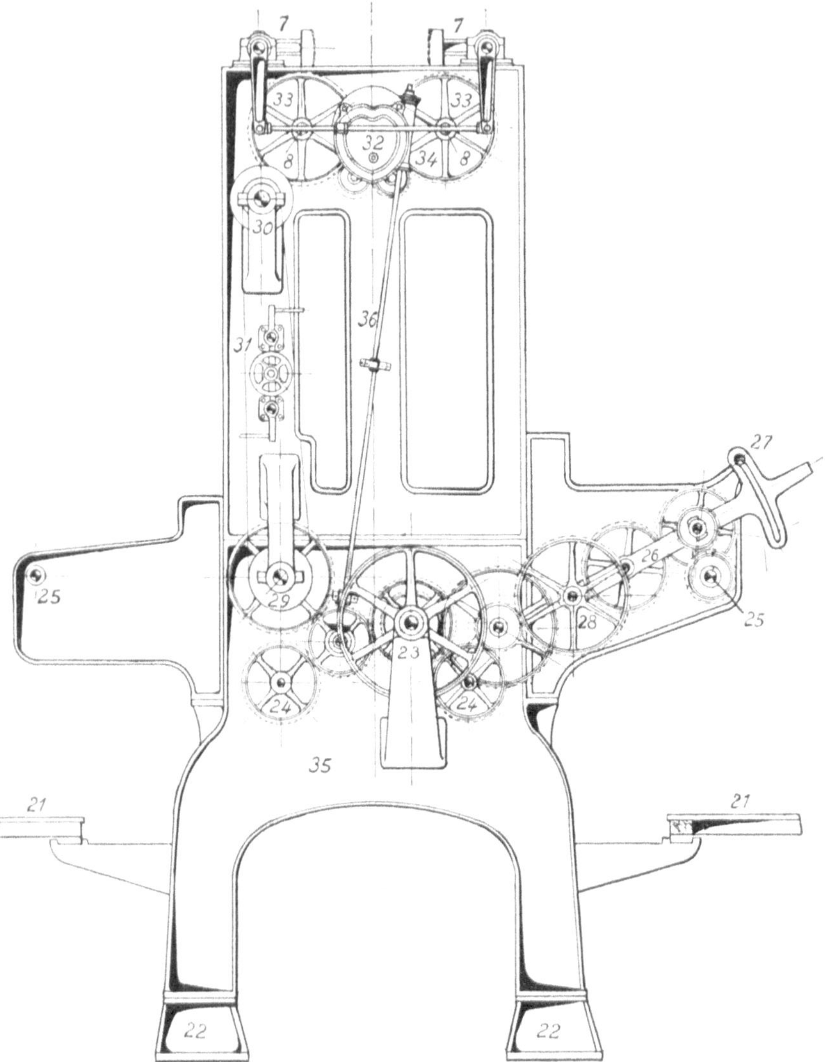

Abb. 30. Seitenansicht einer Schleuder-Spinnmaschine.

seidenfabrik arbeitet mit einem eigenen Fällbad, auch Spinn-
bad genannt, dessen Zusammensetzung meistens geschützt
ist und in allen Fällen streng geheimgehalten wird. In chemischer Beziehung werden nun alle möglichen und unmöglichen
Zusätze zum Spinnbade (Fällbad) empfohlen, und wurden zur
Bereitung der Spinnbäder bisher gebraucht: Schwefelsäure,
Salzsäure, Glykolsäure, Sulfate des Ammoniums, Natriums,
des Eisens und des Zinks, ferner Chloride des Natriums und
Ammoniums, Natriumsulfit und -bisulfit, Stärke, Zucker,
Aldehyde, Ketone und ligninsulfo-
saure Laugen. Um eine größere
Weichheit der Seide zu erzielen und
um einen stabilen Stoff zu erzeugen,
setzt man zum Fällbade verschie-
dene Stoffe und Chemikalien zu, z.B.
Seife, Harnstoffe, Glukose, Glyzerin, Salze, Eiweiß, Terpentin usw.

Die Aufstellung der Spinnmaschinen erfolgt zweckmäßig serien-
weise in Reihen. Die Anordnung
eines Schleuder - Spinnsaales
ist der Abb. 30b (Tafel II) zu entnehmen. Der Antrieb erfolgt durch
Einzelelektromotoren   oder   von
einer an der Wand des Spinnsaales
entlang laufenden Triebwelle aus.
Zwischen den einzelnen Spinnmaschinen sind Lauf- resp. Bedienungsgänge angebracht, die eine
Bedienung von zwei Maschinen-
seiten gestatten. Die Maschinen-

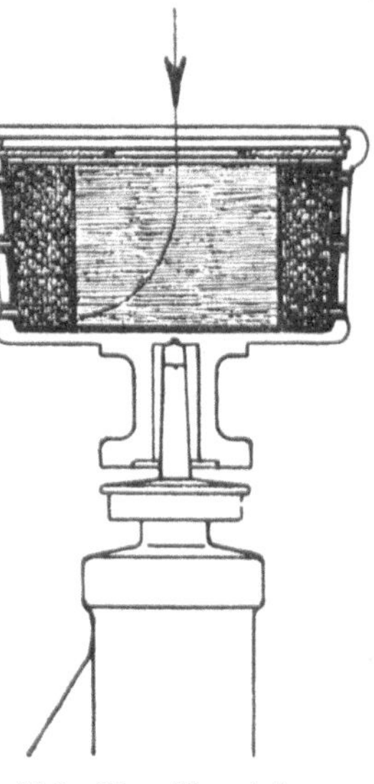

Abb. 31. Aluminium-
Spinntopf.

gestelle erhalten an den Bedienungsgangauflagestellen starke
Gummipuffer, die eine Übertragung von auftretenden Er-
schütterungen von einer Maschine zur anderen verhindern.

Aus dem Schema der Abb. 30b (Tafel II) ist auch die Anordnung des Fällbades zu ersehen. Die Fällbadbereitung
geschieht in den beiden im Keller aufgestellten Behältern. Es
wird dann vermittels der zweckentsprechend gebauten Säurepumpen auf den oberen Sammelbehälter gepumpt. Hier
erfolgt eine Erwärmung auf 40 bis 50° C und die Verteilung
auf die einzelnen Spinnmaschinen, dann Rückleiten in
die im Keller stehenden Behälter, Auffrischung oder Ablassen des unbrauchbaren Fällbades. Die für die Bereitung des

Fällbades erforderliche Schwefelsäure wird von den meistens außerhalb des Gebäudes stehenden Sammelbehältern vermittels Luft in ein in der Fällbadkammer stehendes Meßgefäß übergedrückt und in entsprechender Menge dem Fällbad zugesetzt.

Der Spinnsaal ist möglichst in unmittelbarer Verbindung mit dem Haspelraum anzuordnen, um die gesponnenen Spinnkuchen schnell und bequem von einem zum anderen Raum fördern zu können. Die aus den Schleudertöpfen entleerten Spinnkuchen setzt man vielfach auf kleine Holzbrettchen, wie in Abb. 32 dargestellt ist. Dieselben haben in der Mitte eine wulstartige Erhöhung, um zu verhindern, daß die Kuchen während des Transportes herunterfallen. Die Kuchen mitsamt den Holzbrettchen werden auf den Haspelmaschinen aufgesetzt und abgehaspelt. Wenn die von der Spinnmaschine kommenden Spinnkuchen nicht sofort abgehaspelt werden können, besteht vielfach die Gefahr des Auskristallisierens. Dieselbe wird durch eine leichte Befeuchtung der Kuchen in einem besonderen Raum oder in flachen Schränken, die an den Wänden angebracht werden können, behoben.

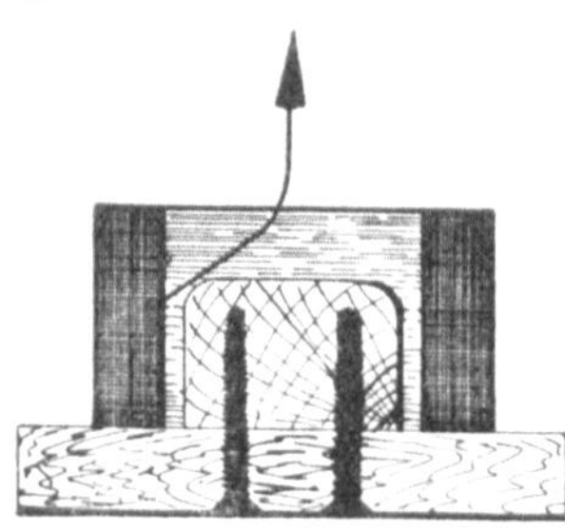

Abb. 32. Aus dem Spinntopf genommener Spinnkuchen.

Kunstseiden-Chappe Spinnmaschinen.

Eine der Kunstseidenspinnmaschine verwandte Maschine ist die in Abb. 33 und 34 dargestellte Spinnmaschine zur Erzeugung von Kunstseidenchappe. Der Chappe wird in der letzten Zeit ein erhöhtes Interesse entgegengebracht, und Erzeugnisse wie Vistra, Spinstra oder Sniafil haben sich infolge der großen Verwendungsmöglichkeit sehr schnell den Textilmarkt erobert. Der Vorbereitungsvorgang ist bis zur Erzeugung der Viskose der gleiche wie bei der Kunstseide. Die Verarbeitung der Viskose in den Chappemaschinen bietet den Vorteil, daß sie in fast jedem Reifestadium versponnen werden kann. Auch ist der Nachbehandlungsvorgang einfacher als bei der Seide, zumal nicht unter Spannung der Stränge getrocknet wird. Die gewaschenen, gebleichten und im losen Strang getrockneten Seidenbündel werden auf beliebige Stapellänge zerschnitten, gekrempelt und weiter verarbeitet wie andere Textilien. In bezug auf die Spinngarnitur ähnelt die Chappemaschine der Kunstseidenspinnmaschine. Bei letzterer wird nicht in Töpfe oder auf

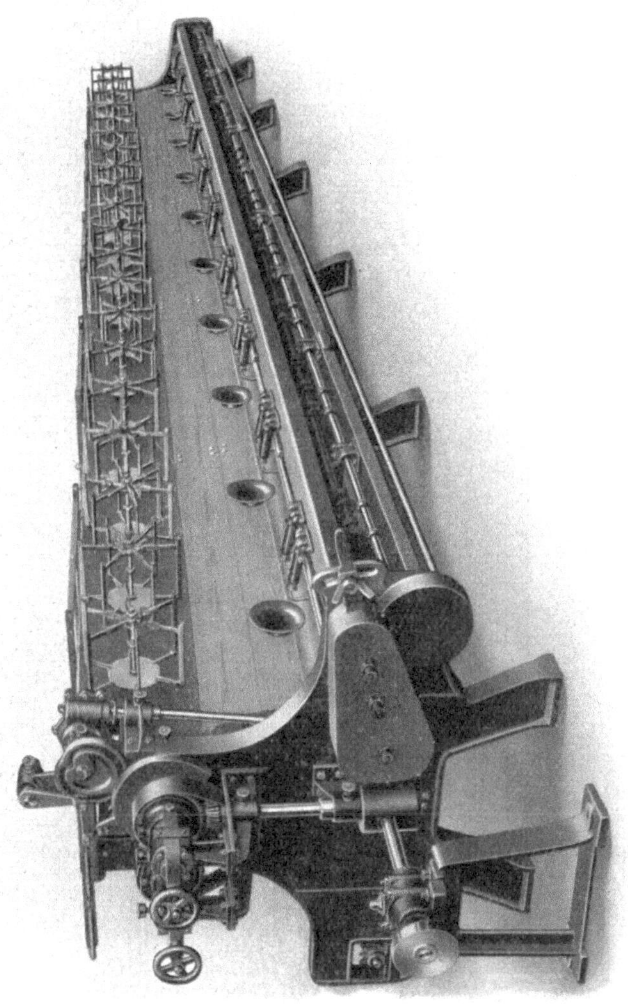

Abb. 33. Chappespinnmaschine, Bauart Düsseldorf-Ratinger-Wurtz.

Spulen, sondern auf Haspeln gesponnen. Zu zwei Spinnstellen gehören zwei Haspeln, von denen jeweils der eine rechts, der andere links dreht. Die von zwei Spinnstellen vereinigten

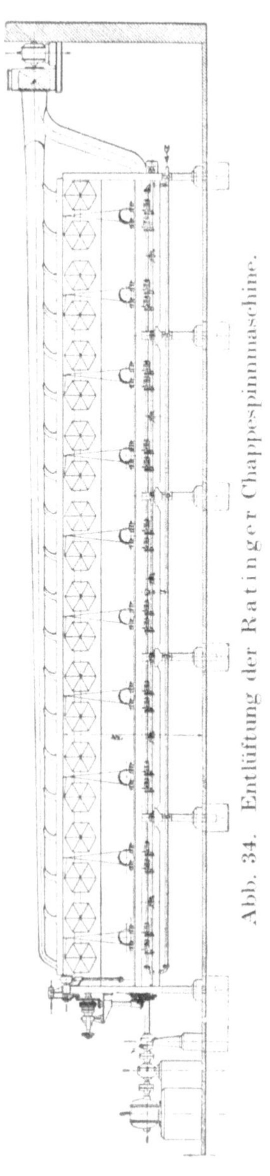

Abb. 34. Entlüftung der Ratinger Chappespinnmaschine.

Fadenbündel werden durch einen Fadenführer geleitet und vermittels einer Changierung parallel oder in Kreuzwirkung aufgehaspelt. Gesponnen wird aus Düsen bis zu 30 mm Durchmesser von 250—1000 Löchern. Die Einzelfäden sind sehr fein und schwanken je nach der Zusammensetzung des im Turnus benutzten Fällbades zwischen 1—2,5 Deniers. Die in Abb. 33 und 34 dargestellte Maschine ist ein Erzeugnis der Düsseldorf-Ratinger Maschinen-und Apparatebau-A.-G. und ist diese Maschine mit 40 Spinnstellen und 40 Haspeln ausgerüstet. Die Ablaufgeschwindigkeit der Haspeln ist durch eine besondere Vorrichtung veränderlich eingerichtet. Dieselbe schwankt zwischen 35 und 70 m pro Minute. Die Leistung der vorstehenden Maschine beträgt ca. 200—350 kg Chappe in 24 Stunden, bei 1000 Deniers. Die sich bei dem Spinnen bildenden Schwefelsäuredämpfe müssen sorgfältig abgesaugt werden. Die Absaugevorrichtung, die aus Innenentlüftung der Maschine und Entlüftung der Haspeln besteht, ist aus der Abb. 34 deutlich zu ersehen. Die Maschine vorstehend erwähnter Leistung benötigt einen Antriebsmotor von ca. $2^1/_2$ PS, der Entlüftungsexhaustor arbeitet mit ca. 50 mm Unterdruck. Als Spinnpumpen finden Pumpen von großer Leistung Verwendung. Entweder Zahnradpumpen mit 8 mm breiten Zwischenplatten in Ausführung ähnlich Abb. 35 S. 63 oder Drei- und Mehrkolbenpumpen. Die Kolbenpumpenleistung muß genau so wie die Zahnradpumpenleistung veränderlich sein. Dieselbe schwankt zwischen 35 und 120 ccm pro Minute. Die Einstellung der Pumpenleistung entsprechend den gewünschten Deniers erfolgt durch ein an der vorderen Stirnwand aus Abb. 30 zu ersehendes Stirnrad-Wechselgetriebe. Alle mit Säure in Verbindung stehenden Teile sind aus entsprechendem Baustoff herzustellen. Blei, Bronze, Bakelit, Aluminium und säurefestes Gußeisen haben sich bestens bewährt. Das Gewicht der Chappemaschine mit 40 Spinnstellen beträgt etwa 5000 kg.

VIII. Die Spinnpumpen für die Spinnmaschinen.

Ein nicht zu unterschätzendes Element an den Kunstseiden-Spinnmaschinen stellt ohne Frage die Spinnpumpe dar. Es gibt verschiedene Ausführungen, und zwar Kolben- und Zahnradspinnpumpen. Letztere sind bei den meisten Fabriken eingeführt, weil diese eine fast unbegrenzte Betriebssicherheit bieten und gegenüber den Kolbenpumpen bedeutende Vorteile aufweisen. Hinzu kommt noch die äußerst einfache Konstruktion der Zahnradpumpenart, die ein bequemes Öffnen und Auseinandernehmen der Pumpen gestattet. Die Lebensdauer der Zahnradspinnpumpen hängt zum größten Teil von deren Behandlung im Betrieb ab. Selbstverständlich muß man diese Pumpen, die in größter Präzision hergestellt sind, vorsichtig behandeln. Die Pumpen und auch deren Teile dürfen nicht fallen. Ein Stoßen oder Aufeinanderwerfen vertragen diese nicht; Ungenauigkeiten oder auch ein schlechtes Arbeiten sind die Folgen unsachgemäßer Behandlung.

Für die Lieferung von betriebsfähigen Zahnradspinnpumpen kommen hauptsächlich die Fa. Martin Hölken in Barmen-Rittershausen, Fa. Friedr. August Neidig, Maschinenfabrik, Mannheim, und Fa. Arendt & Weicher Maschinenfabrik, Berlin, in Frage und trifft man die Erzeugnisse dieser Firmen in der Industrie überall an. Die Firma Arendt & Weicher hat sich in neuerer Zeit mit weiteren Verbesserungen der bisherigen Zahnradspinnpumpen befaßt. Diese Verbesserungen zielen darauf hin, die Spinnpumpen in bezug auf gleichmäßige Förderung und längere Lebensdauer günstiger zu gestalten. Es wird dies dadurch erreicht, daß eine Nachstellbarkeit der Mittelplatte und des einen fördernden Zahnrades nunmehr vorhanden ist, um alle Undichtigkeiten, die sich im Betrieb ergeben, und die die gleichmäßige Förderung beeinflussen, einfach abzustellen. Die Neuerung gestattet, die beiden fördernden Zahnräder im Eingriff zueinander und am Umfang stets beliebig dicht einzustellen, wodurch eine spätere Erneuerung der Mittelplatte fast vermieden wird. Eine weitere wesentliche Verbesserung in bezug auf Lebensdauer der Spinnpumpen stellt die durch D.R.G.M. geschützte Schmierung der vorderen Antriebswelle dar, wodurch das bisherige Fressen der Pumpenwelle beseitigt wird. Die Verbesserung beruht darauf, daß die Abdichtung der Pumpenwelle bis tief in das Pumpengehäuse hinein verlegt worden ist, um die Viskose abzudichten. Eine besonders lang ausgebildete gußeiserne Stopfbüchse dient als Wellenführung und ermöglicht eine bequeme Auswechselung, ohne daß das Pumpengehäuse ersetzt zu werden braucht. Die Schmierung der Antriebswelle erfolgt nun so, daß mittels einer Staufferbüchse, die am Pumpenkörper sitzt, das Fett in einen Ringkanal gepreßt wird. Von hier aus gelangt es dann durch besondere Schmierlöcher der eingesetzten Stopfbüchse zur eigentlichen Pumpenantriebswelle. Der obere Teil der Stopfbüchse ist mit einem Sechskant ausgebildet, welcher sechs Einschnitte besitzt, in die ein schwenkbarer Riegel eingreift, und der ein Drehen der Stopfbüchse im Betrieb verhindert. Die Staufferbüchse selbst kann je nach der Lage der eingespannten Spinnpumpe beliebig eingeschraubt werden.

Die beiden vorerwähnten Verbesserungen der Fa. Arendt & Weicher an den Zahnradspinnpumpen dürften den Kunstseidenfabriken recht willkommen sein, um so mehr, da die bisher damit gemachten Betriebsergebnisse recht befriedigt haben.

In der Abb. 35 ist eine Spinnpumpe üblicher Ausführung im Schnitt dargestellt. Die Abbildung veranschaulicht deutlich die in der Zwischenplatte eingebetteten und sauber eingeschliffenen Zahnrädchen, die von der durch die Stopfbüchse hindurchgehenden Welle angetrieben werden. Bei einer Plattenstärke von 6 mm fördert die Spinnpumpe mit jeder Umdrehung 0,6 ccm Viskose. Das auf der Spinnpumpenwelle sitzende Stahlstirnrad ist auf einer besonderen Nabe angebracht, die wieder mit kleinen $^3/_{16}$''-Stellschräubchen auf der 10 mm starken Spinnpumpenwelle befestigt ist. Das Stirnrad hat eine Breite von 5 mm, einen Durchmesser von 72 mm im Teilkreis und bei Modul-1-Teilung eine Zähnezahl von 72. Das auf der Maschinenwelle sitzende Gegenrad hat 50 mm Teilkreisdurchmesser und 50 Zähne. Die Übersetzung ist also 1 : 1,44, d. h. bei einer Umdrehung der Spinnpumpenwelle macht die Spinnmaschinenwelle 1,44 Umdrehungen.

Die Herstellung der Spinnpumpen erfolgt auf besonderen Maschinen. Die größte Sorgfalt ist dem Einschleifen der im Innern liegenden Zahnrädchen und ebenso der Zwischenplatte zuzuwenden. Das Schleifen der Zwischenplatte erfolgt, um ein Verspannen derselben zu verhindern, auf Vorrichtungen, die ein magnetisches Festhalten derselben ermöglichen. Die Anordnung der Spinnpumpen und deren Lage zum Fällbad ist aus der Abb. 35 zu entnehmen. Man sieht die schraffierte Hauptwelle der Spinnpumpe, auf der die

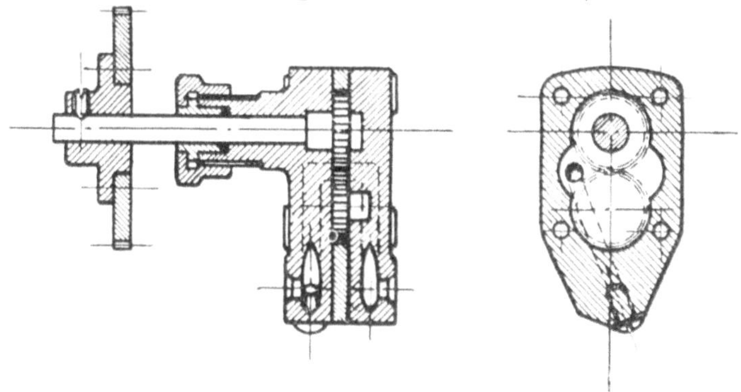

Abb. 35. Zahnradspinnpumpe.

kleinen vorerwähnten Stirnrädchen von 50 mm Durchmesser angebracht sind. Genau über diesen Rädern liegt das größere Rad von 72 Zähnen, welches auf der Spinnpumpenwelle befestigt ist, und welches die in einem besonderen Böckchen eingeklemmte Spinnpumpe antreibt. Das Klemmböckchen ist wieder auf dem Viskoserohr befestigt. Die Viskose gelangt von diesem Rohr aus durch das Böckchen hindurch in die Spinnpumpe. Die Viskose wird dann durch das senkrecht angebrachte Röhrchen weitergefördert und gelangt so in das auf dem Spinntisch angebrachte Filter. Letzteres, nach Art der Filterkerzen, besteht aus einem Hartgummimantel, der in seinem Hohlraum eine mit feinen Rillen versehene Kerze erhält. Letztere wird mit Watte und Leinwand als Filtermaterial umwickelt. Die Viskose, die vom Inneren der Filterkerze aus nach dem Umfange gelangt, muß unter einem gewissen Druck den Filterstoff durchströmen. Hierauf gelangt die Viskose in den Hohlraum des äußeren Spinnfiltermantels und von hier aus durch ein schwenkbar eingerichtetes Glasrohr in die im Fällbad liegenden Düsenköpfe.

Die Düsenköpfe bestehen aus Hartgummi, und in diesen ist die eigentliche Spinndüse, die aus Gold, Palladium, Platina oder Glas hergestellt ist, eingeschraubt. Die Düsen selbst werden in zylindrischer Form mit einem vorne abgeplatteten Kopf geliefert. Man sieht in Abb. 36 den Düsenkopf aus der Hartgummiverschraubung ein Stückchen herausragen.

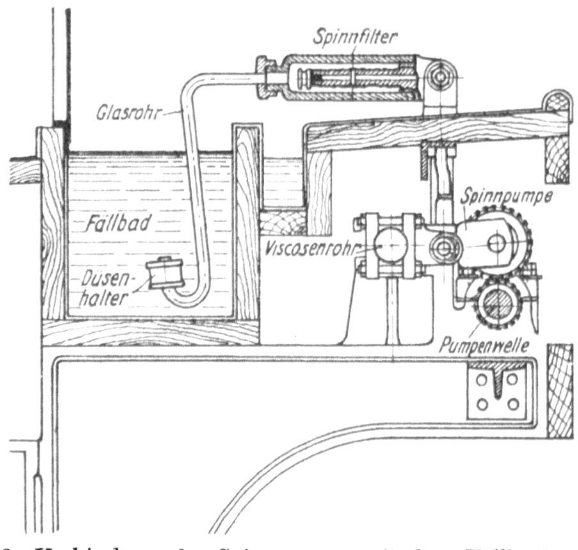

Abb. 36. Verbindung der Spinnpumpe mit dem Fällbad und dem Spinnfilter.

Die Golddüsen haben meistens einen Durchmesser von 10 mm, während die Glasdüsen in drei Außendurchmessern hergestellt werden. Diese Glasdüsen erhalten von ein bis zehn Bohrungen 14 mm äußeren Durchmesser, von 10—200 Bohrungen 19 mm äußeren Durchmesser und von 200—1000 Bohrungen 24 mm äußeren Durchmesser. Die Glasdüsen werden in sehr guter Ausführung von der Fa. H. Geissler Nachfolger, Bonn a. Rhein, geliefert und finden zur Herstellung von Kunstseide mehr und mehr Verwendung. Die Glasdüsen sind bedeutend billiger als Platin- oder Gold-Platindüsen. Allerdings ist die Gefahr des Bruches eine größere. Bei guten gebrauchsfähigen Glasdüsen sind vor allen Dingen die folgenden vier Punkte zu beachten.

1. Die Bodenstärken aller Düsen müssen gleich sein.

2. Alle Bohrungen müssen genau ein und denselben Durchmesser aufweisen.

3. Die Ausführung der Glasdüsen muß eine Widerstandsfähigkeit auch gegen höheren Druck sichern.

4. Die Reinigung der Düsen muß mit chemischen Mitteln leicht durchzuführen sein.

An dieser Stelle seien auch die neuerdings vielfach zur Anwendung kommenden Porzellanspinndüsen erwähnt. Diese Düsen, hergestellt von der Porzellanfabrik Hermsdorf (Thür.) in Zusammenarbeit mit den Zeiss-Werken Jena, haben sich in der Praxis sehr gut bewährt. Sie besitzen eine große chemische Widerstandsfähigkeit und mechanische Festigkeit auch bei schroffem Temperaturwechsel. Hergestellt werden diese Düsen mit einer Lochzahl von 1—1000 mit Löchern von $^{18}/_{100}$ (0,18) bis herab zu $^{6}/_{100}$ (0,06) mm. Die Düsen werden mit Ausnahme der Außenseite des Bodens allseitig glasiert und gebrannt. Die feinen Löcher dürfen sich bei diesem Arbeitsprozeß natürlich nicht im gering-

Abb. 37. Spinndüsen aus Porzellan.

sten verziehen. Auch bei größerem Durchmesser bis 30 mm für die Fabrikation der Feinseide (Chappe) sind diese Düsen sehr vorteilhaft in Gebrauch und Anschaffung. Düsen verschiedener Größe der Firma Porzellanfabrik Hermsdorf (Thür.) sind in der Abb. 37 dargestellt.

IX. Antriebsverhältnisse
der Kunstseide=Spinnmaschinen.

Die Spinntöpfe *1* nach Abb. 29, machen im allgemeinen 5—6000 Umdrehungen in der Minute. Die Spinnpumpen *9* werden durch Wellen *25* (siehe Abb. 30), angetrieben. Deren Drehzahl ist bequem veränderlich eingerichtet, so daß eine angemessene Viskosemenge den jeweils zu verspinnenden Deniers Rechnung trägt. Diese veränderliche Drehzahl wird durch ein Wechselrädervorgelege erzielt, welches mit *26* bezeichnet und um den Zapfen *28* drehbar eingerichtet ist. Die Feststellung des Vorgeleges dem Wechselräderdurchmesser entsprechend erfolgt bei *27* durch eine Knebelvorrichtung. An Stirnrädern wird ein ganzer Satz mit jeder Maschine geliefert und kann die Drehzahl der Spinnpumpenantriebswelle von Zahl zu Zahl geändert werden. Um etwa 150 Deniers zu spinnen, muß die Spinnpumpenwelle 17,5 Umdrehungen in der Minute machen, was andererseits wieder einer Viskosemenge von 11,5 g entspricht. Das Verhältnis von Drehzahl zu Viskosemenge und Deniers geht aus der Tabelle I hervor.

Gewöhnlich wird eine veränderliche Drehzahl der Spinnpumpenwellen von 11—65 in der Minute genügen, da sämtliche Deniers von 100—500 dazwischenliegen. Abhängig von der Drehzahl der Spinnpumpenwellen ist die Drehzahl der Glasrollen. Die Drehzahl der Töpfe ist wohl mit 5000 in der Minute gleichförmig, aber die Ablaufgeschwindigkeit der Glasrollen *12* ist den zu verspinnenden Deniers entsprechend auch veränderlich einzurichten. Dieses wird durch Konoide *29* und *30* oder andere Übersetzungsarten, die durch ein Zwischenzahnrad angetrieben werden, erzielt. Die Übertragung auf die einzelnen Glasabzugsrollen erfolgt vermittels der Zahnräder *33*, die auf den Antriebswellen *8* der Glasrollen aufgekeilt sind. Zwischen den Zahnrädern *33* angeordnet liegt das Herzexzenter *32*, welches durch die Welle *36* und Schneckengetriebe *34* angetrieben wird. Das Herzexzenter bewegt mit stets gleichbleibender Geschwindigkeit einen zwangsläufig geführten Bolzen, der vermittels Hebelvorrichtung die Chan-

gierungsvorrichtung in stets gleichmäßige Auf- und Nieder-
bewegung versetzt. In der Abbildung sind die Hebel 7 auf
zwei Seiten der Maschine gelagert, während bei den größeren
Maschinen die Füllung durch Doppelhebel, die auf einer gemeinschaftlichen, in der Mitte der Maschine liegenden Welle
sitzen, vereinfacht angetrieben wird. Diese Vorrichtung ist
unter dem Namen Düsseldorf-Ratinger Maschinen- und
Apparatebau-A.-G. Wurtz patentamtlich geschützt.

Bezeichnet man in den nachfolgenden Berechnungen

> den Durchmesser der Glasrollen mit d,
> die Ablaufgeschwindigkeit mit v,
> die Drehzahl mit n,
> das Verhältnis des Durchmessers der Glasrolle zum
> Umfang mit $\pi = 3{,}14$,

so ergeben sich für die Ablaufgeschwindigkeit der Glasrollen
bei den willkürlich herausgegriffenen Drehzahlen von 80,
106 und 120 in der Minute folgende Gleichungen:

$$v = d \cdot \pi \cdot n = 0{,}125 \cdot 3{,}14 \cdot 80 = 31{,}5 \text{ m in der Minute}$$
$$= \frac{31{,}5}{60} = 0{,}52 \text{ in der Sekunde.}$$

$$v = d \cdot \pi \cdot n = 0{,}125 \cdot 3{,}14 \cdot 106 = 42{,}0 \text{ m in der Minute}$$
$$= \frac{42}{60} = 0{,}70 \text{ in der Sekunde.}$$

$$v = d \cdot \pi \cdot n = 0{,}125 \cdot 3{,}14 \cdot 120 = 47{,}0 \text{ m in der Minute}$$
$$= \frac{47}{60} = 0{,}78 \text{ in der Sekunde.}$$

Bezeichnet man die Drehzahl der Schleuder in der Minute
mit n_2, und die Drehzahl der Schleuder in der Sekunde mit
n_1, so ist

$$\frac{n_1}{60} = n_2 \quad \text{oder} \quad \frac{5000}{60} = 83 \, .$$

Um nun z. B. für die Drehzahl 80, 106 resp. 120 in der
Minute und der damit in Zusammenhang stehenden Ablauf-
geschwindigkeit von 0,52, 0,70 und 0,78 m in der Sekunde den
Drall zu berechnen, so ergibt sich dieser aus den nachstehenden
Berechnungen wie folgt:

$$\text{bei}\ \ 80\ \text{Umdrehungen}\ 0,52:83 = 1:x;\ \ x = \frac{83\cdot 1}{0,52} = 160\ \text{Drall};$$

$$\text{bei}\ 106\ \text{Umdrehungen}\ 0,70:83 = 1:x;\ \ x = \frac{83\cdot 1}{0,7} = 118\ \text{Drall};$$

$$\text{bei}\ 120\ \text{Umdrehungen}\ 0,78:83 = 1:x;\ \ x = \frac{83\cdot 1}{0,78} = 108\ \text{Drall};$$

Wie aus der vorstehenden Berechnung zu ersehen ist, läßt sich für jede Drehzahl der Glasrollen bzw. für jede Ablaufgeschwindigkeit der Fadendrall ohne weiteres ausrechnen.

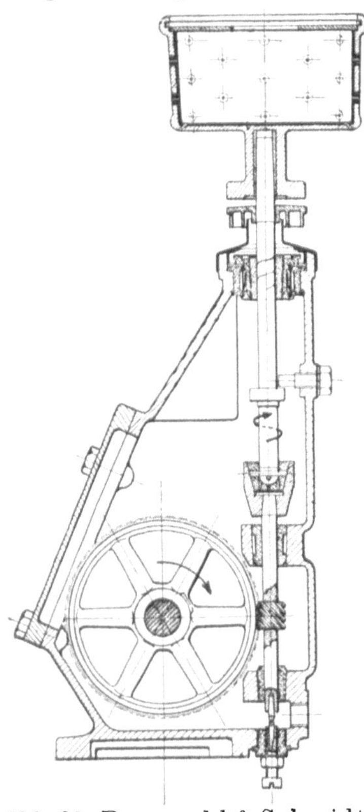

Abb. 38. Ramesohl & Schmidt-Schneckenradantrieb.

Um nun in den Spinntöpfen Spinnkuchen von gleicher Dicke zu erhalten, ist erforderlich, daß die Füllung, die auf und nieder geht, stets gleichmäßige Geschwindigkeit in der Bewegung hat. Dieses wird durch den Exzenter, der in Herzform ausgeführt ist, erzielt. Bei etwa 30 Auf- und 30 Niedergängen der Füllung wird eine Aufwicklung der Kuchen erzielt, die bei genügender Schräge der einzelnen Wicklungen die für die Abhaspelung notwendige Lagensicherheit gewährleisten. Die Restabfälle werden dadurch auf ein geringes Maß vermindert.

Ein sehr wichtiger Bestandteil der Schleuderspinnmaschine sind die Schnekkenradantriebe der Aluminiumtöpfe, über deren Ausführung an dieser Stelle noch einiges gesagt werden soll. Die Gehäuse (Abb. 38) sind aus dünnwandigem, dichtem Gußeisen hergestellt, am Unterteil befindet sich ein verbreiteter Fuß, der den an der Spinnmaschine sitzenden Querkreuzen angepaßt ist. Das durch einen Deckel verschlossene Gehäuse hat im Innern ein Schneckenradgetriebe, bestehend aus einem Rad aus Spezialbronze und einer Schnecke aus Stahl. Letztere ist mit dem unteren Spindelteil aus einem Stück hergestellt, und untere und obere Spindel sind durch eine Konuskupplung miteinander ver-

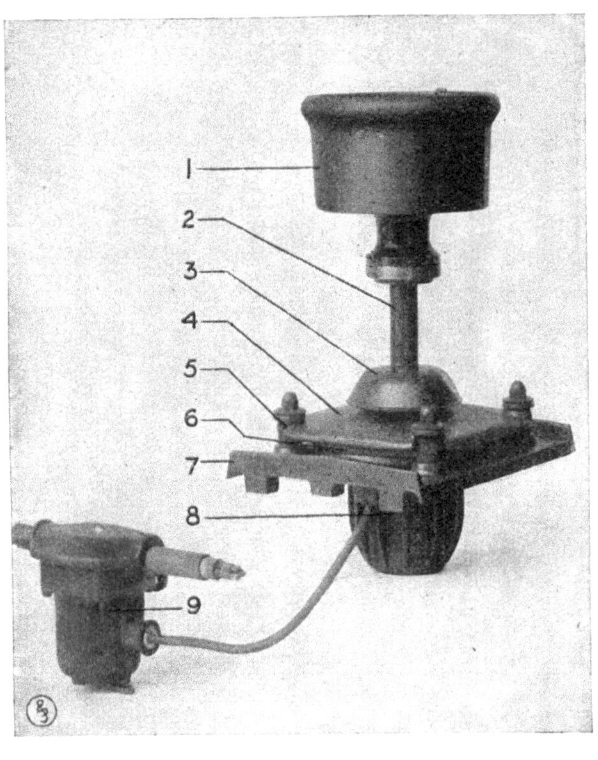

1 = Spinntopf,
2 = Aufsatzspindel,
3 = Spritzhaube,
4 = Tragschild,
5 = Gummipuffer,
6 = Dämpfungsring,
7 = Bettplatte,
8 = Motor,
9 = Bremsschalter.

Abb. 39. Elektrisch angetriebene Spinnschleuder, Bauart S i e m e n s
S c h u c k e r t.

bunden. Während der untere Schneckenspindelteil fest gelagert ist, ist der obere Teil der Spindel elastisch in einem Federlager eingebaut. Letzteres ermöglicht ein Nachgeben und Einstellen bei der kritischen Drehzahl.

Ein Spinntopfmotor, der sich insbesondere in der Kunstseideindustrie bewährt hat, ist der von den S i e m e n s -

Schuckert-Werken in Berlin-Siemensstadt gebaute Kurz-
schlußläufermotor mit säurefester Sonderisolation. Die Bauart
ist so gehalten, daß die im Elektromotor entstehende Wärme
die durchstreichende Kühlluft trocknet, so daß die in der

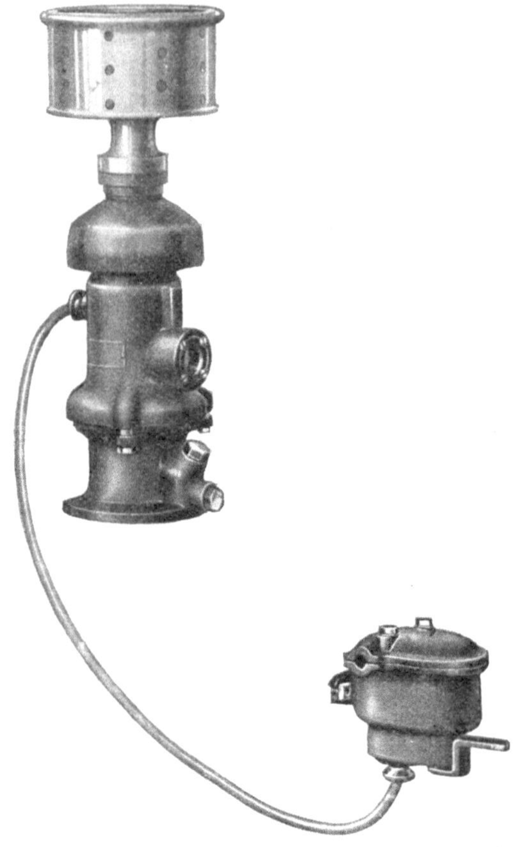

Abb. 40. Elektrisch angetriebene Spinnschleuder,
Bauart Ramesohl & Schmidt.

Kühlluft schwebenden Flüssigkeitsteilchen verdunsten und
das Tauen im Innern des Motors verhindert wird. Einen Motor
mit Schleuder zeigt Abb. 39. Ein weiterer Vorteil ist der geringe
Kraftbedarf. Im Spinnbetrieb ausgeführte Messungen ergaben
eine Kraftersparnis von 35—40% gegenüber Schneckenantrie-

ben. Abb. 40 veranschaulicht eine andere in der letzten Zeit sehr gut eingeführte Spinnmotorkonstruktion der Firma Ramesohl & Schmidt in Oelde. Im Schnitt ist dieser in der Abb. 41 dargestellt. Gute Konstruktion und große Betriebssicherheit sind die besonderen Vorteile. Ganz besonders hingewiesen wird an dieser Stelle auf die sehr sinnreich konstruierte Ölzirkulation, die auch von außen bequem beobachtet werden kann.

Die Gesamtanordnung der Antriebe mit gemeinschaftlicher Ölzuführung ist aus der Abb. 43 zu ersehen. Die Abb. 45 stellt eine Reihe Spinnschleudern dar, die im allgemeinen an ein Drehstromnetz höherer Frequenz angeschlossen werden. Meistens wird mit 80—100 Perioden gearbeitet, entsprechend einer Drehzahl von etwa 4800 bis 6000 in der Minute. Um diese Drehzahl zu erreichen, kommen im allgemeinen Periodenumformer zur Aufstellung nach Abb. 45 bzw. 46, die von der vorhandenen Frequenz, beispielsweise 50 Perioden, gespeist werden. Der Läufer dieses Periodenumformers wird gegen das Feld angetrieben, und von den Schleifringen des Läufers wird dann das Schleudernetz gespeist. Die Schleudern selbst werden für niedrige Spannung ausgeführt. Die Siemens-Schuckertwerke verwenden für die Motore 78 Volt bei 100 Perioden. Der Motor wird mit einem Bremsschalter ausgerüstet. Anlaufzeit und Bremszeit hängen naturgemäß von der Masse des Topfes ab. Der Topf von etwa 1500 g Gewicht läuft in etwa 6 Sekunden auf volle Geschwindigkeit und wird in etwa 5 Sekunden bis zum Stillstand abgebremst. Der Einbau der Siemens-Schuckertmotore in eine einseitige Spinnmaschine ist in der Abb. 42a (Tafel II) veranschaulicht.

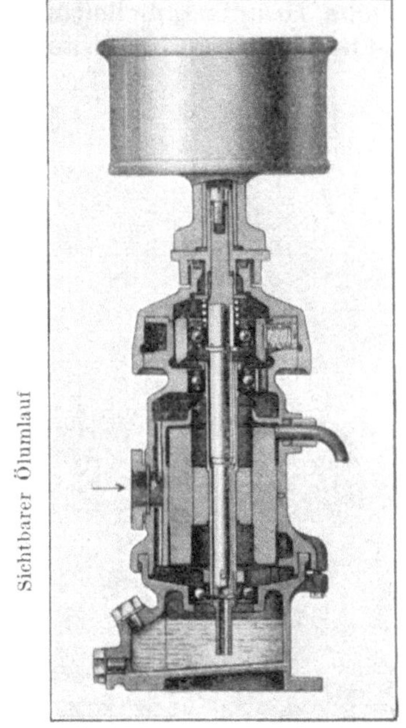

Abb. 41. Schnitt durch einen Spinn-Motorantrieb. Bauart Ramesohl & Schmidt.

Die Spinntöpfe laufen in einzelnen verbleiten Kammern (siehe Abb. 42), die nach der Mitte der Maschine hin in den gemeinschaftlichen Abzugskanal einmünden. Die von einem Exhaustor (siehe Abb. 30 b, Tafel II), abgesaugte Schwefelsäureluft durchfließt die einzelnen Öffnungen und verläßt am Ende der Maschine den Hauptkanal, um in die gemeinschaftliche Hauptsammelleitung überführt zu werden. Der Absaugung der Schwefelsäureluft ist große Sorgfalt zuzuwenden,

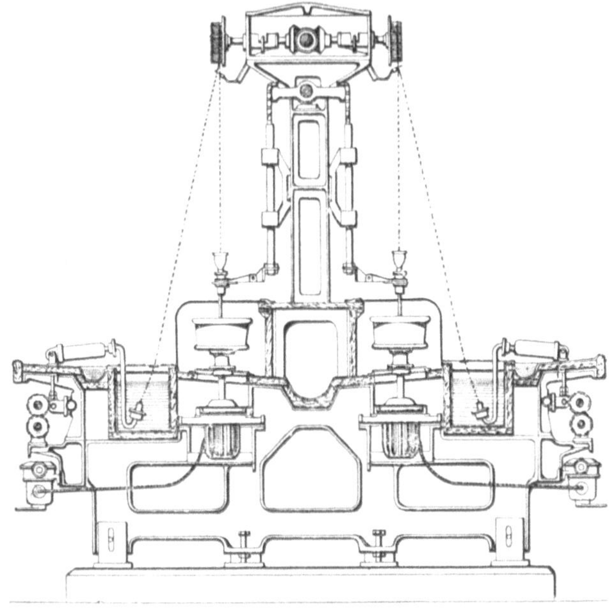

Abb. 42. Zusammenbau der Spinnschleudern mit Elektromotor-Antrieb.

da der von den schnellaufenden Schleudertöpfen abspritzende Schwefelsäurenebel für die Bedienungsleute der Maschine sehr schädlich ist und leicht Augenentzündungen hervorruft.

Wie aus den Abb. 27, 28, 29 und 43 hervorgeht, sind die Spinnmaschinen mit einer soliden ineinandergefügten Holz-verkleidung ausgerüstet. Diese Holzverkleidung in einer Stärke von 25 mm wird imprägniert und alle die Teile, die mit Säure oder Fällbad in Berührung kommen, werden mit Blei ausgekleidet. Die beiden äußeren Wände bilden, wie aus Abb. 29 hervorgeht, den Mittelkanal, von dem aus die Säuredämpfe abgesaugt werden. An diesen Mittelkanal sind die einzelnen Kammern, in denen die Spinntöpfe laufen, angeschlossen. Die Kammern 2 der Abb. 29 sind im Innern verbleit, ebenfalls die Mittelrinne 6, das Fällbad 7 und der Filterkerzentisch, auf dem die Filterkerzen 10 angebracht sind. Letztere Verbleiung ist deutlicher aus der Abb. 28 ersichtlich. Das Absaugen der Schwefelsäuredämpfe aus dem Innern der Maschine geschieht durch eine Exhaustoranlage, und jede einzelne Spinnmaschine ist an eine Hauptrohrleitung angeschlossen. Für

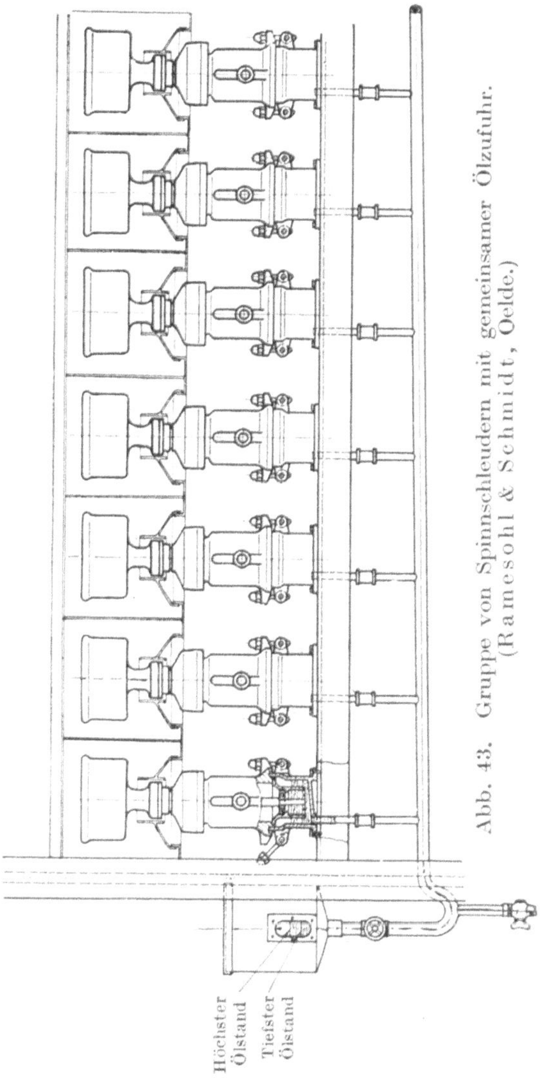

Abb. 43. Gruppe von Spinnschleudern mit gemeinsamer Ölzufuhr. (Ramesohl & Schmidt, Oelde.)

die Entlüftung einer Batterie von z. B. 3 Spinnmaschinen zu je 60 Spindeln ist zweckmäßig ein Exhaustor von etwa 1000 mm Flügeldurchmesser vorzusehen. Ein solcher Exhaustor schafft bei einer Luftgeschwindigkeit im Saugrohr von 12,0 m/sek 2,35 cbm/sek. Bei einer Pressung von

60, 80 und 100 mm Wassersäule beträgt der Kraftbedarf entsprechend 4,66, 6,00 und 7,34 PS. Der Antrieb des Exhaustors

Abb. 44. Reihe Spinnschleudern zum Anschluß an ein Drehstromnetz.

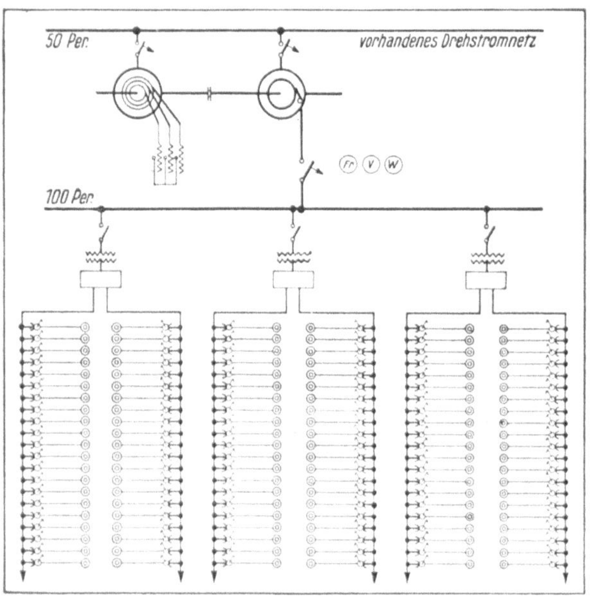

Abb. 45. Schema der Periodenumformer für Spinnschleudern.

kann von dem Vorgelege oder durch gekuppelten Elektromotor erfolgen. Eine Kunstseidenanlage, die täglich in 24 Stunden 1000 kg Seide von 150 Deniers erzeugt, benötigt dafür 16 Spinnmaschinen à 60 Spindeln und 2 zur Reserve. Für die Absaugung der Dämpfe sind 6 Exhaustoren von 1000 mm Flügeldurchmesser erforderlich. Die Leistung dieser

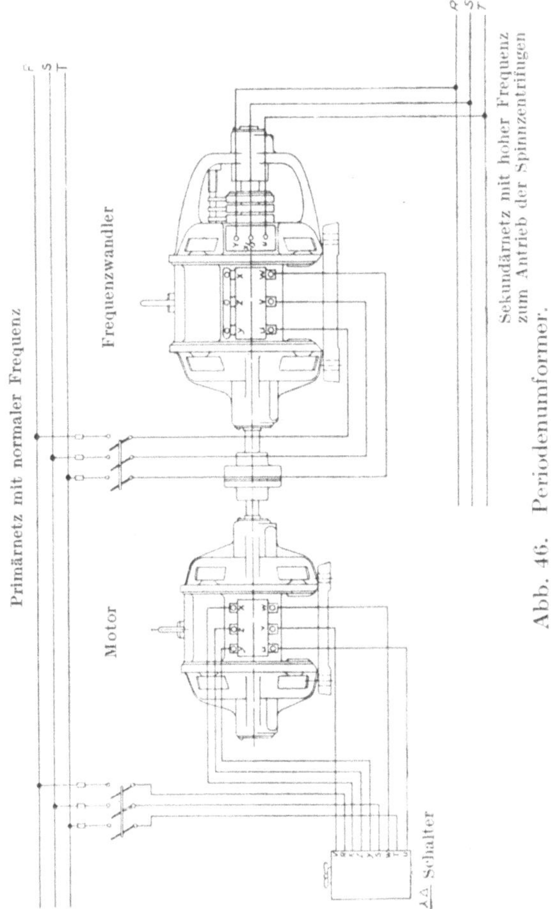

Abb. 46. Periodenumformer.

6 Exhaustoren beträgt pro Stunde $6 \cdot 10\,000 = 60\,000$ und pro Tag in 24 Std. $= 24 \times 60\,000 = 1\,220\,000$ cbm. Der Spinnsaal hat eine Länge von 43,000 m, eine Breite von 28,000 m und eine Höhe von 4,500 m. Der gesamte Kubikinhalt des Spinnsaales beträgt demnach 5400 cbm. Mit der Exhaustoranlage kann also stündlich die Luft des Spinnsaales elfmal

erneuert werden. Eine solche Entlüftung ist als ausreichend zu bezeichnen und notwendig, um Erkrankungen der Arbeiter, insbesondere an den Augen, zu vermeiden. Die abgesaugte, mit Schwefelsäuredämpfen vermischte Luft wird am besten in einen hohen Schornstein abgeblasen, damit dieselbe sich in genügender Höhe verteilen kann. Bei Kunstseidenfabriken, die über Spinnmaschinen älterer Art verfügen, die nicht genügend abgedichtet sind, muß die Exhaustorleistung noch größer bemessen werden, und erneuern solche Kunstseidenfabriken die Luft des Spinnsaales 20 bis sogar 25mal in einer Stunde.

X. Die Spinnmaschinen mit mehreren Düsen.

Rudolf Mewes in Berlin hat unter D. R. P. 276 032 bereits eine Einrichtung geschaffen, bei der durch die Schleuderkraft die zu verspinnende Masse durch am Umfang eines kreisenden Körpers angebrachte Düsen hindurchgedrückt wird. Ähnliche Vorrichtungen, die sich mit dem gleichen Grundsatz beschäftigen, sind unter D. R. P. 400 931 1923 und 401 988 der Düsseldorf-Ratinger Maschinen- und Apparatebau A.-G. und Ed. Wurtz in Ratingen patentiert. Das Wesentliche dieser beiden Erfindungen geht aus dem Nachfolgenden und den Abbildungen 47 und 48 hervor.

Die Spinnschleuder wird aus zwei ineinander gebauten Schleudertrommeln zusammengesetzt. Die erzeugten Fäden sollen in der äußeren Schleudertrommel aufgespeichert werden, ohne daß hierbei eine besondere Fadenführung (Changierung) erforderlich ist. Die innere Schleuder, in welcher die zu spinnende, meistens aus Zelluloselösung bestehende Masse eingefüllt wird, ist zu diesem Zwecke an ihrem Umfang mit einer beliebigen Anzahl von Spinndüsen versehen, die in der Höhenlage zueinander versetzt sind. Von diesen Spinndüsen aus werden die Fäden an den Umfang der äußeren Schleuder geschleudert. Damit hier die gleichmäßige Ablagerung der Fäden stattfindet, läuft die äußere Schleudertrommel etwas langsamer als die innere.

Innere wie äußere Schleudertrommeln werden entweder von einer Stelle aus oder auch jede Schleuder für sich besonders angetrieben. Der Antrieb für die äußere Schleuder muß also derartig sein, daß die Umfangsgeschwindigkeit dieser Schleuder gegenüber der inneren Schleuder etwas geringer ist. Durch diesen Unterschied in den Umfangsgeschwin-

digkeiten werden die Fäden von dem inneren Topf aus am
äußeren Topf aufgewickelt. Der Unterschied der Umfangs-
geschwindigkeiten muß stets gleich bleiben. Zu diesem Zweck
erfolgt der Antrieb für beide Schleudern am vorteilhaftesten

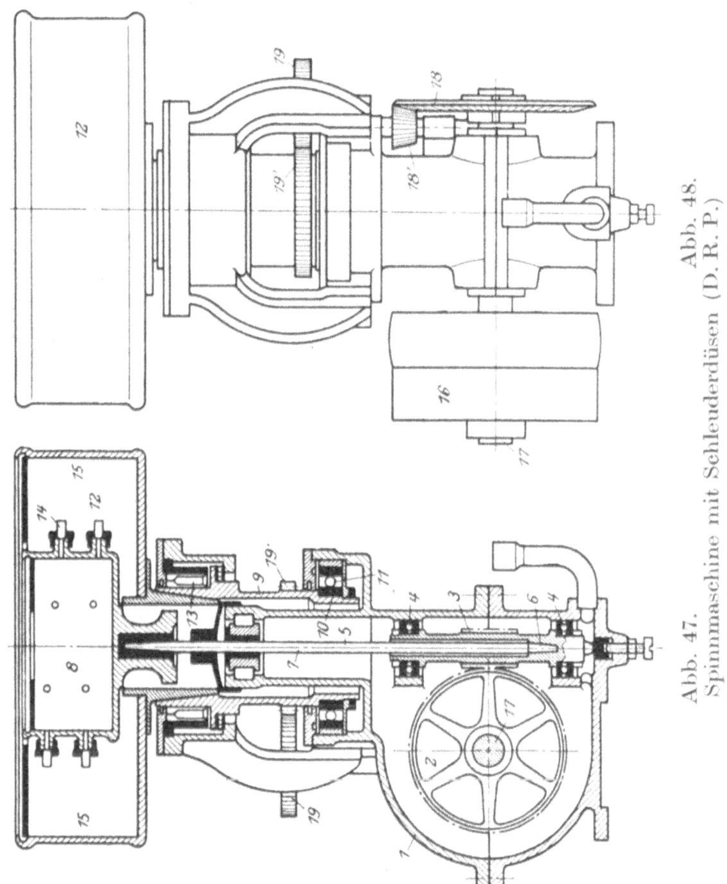

Abb. 47.
Spinnmaschine mit Schleuderdüsen (D. R. P.)

Abb. 48.

unter Anwendung geeigneter Übersetzungsgetriebe von einer
Antriebswelle aus. Innere wie äußere Schleudern werden
nachgiebig gelagert, um eine selbsttätige Einstellung der
Schleudern bei hoher Drehzahl zu gewährleisten.

Die Abb. 47 zeigt einen senkrechten Schnitt durch die
Maschine, Abb. 48 deren seitliche Ansicht.

In dem Gehäuse *1* der Maschine ist ein Schneckenrad *2* auf einer Antriebswelle *17* gelagert. Von diesem Schneckenrad *2* aus wird eine Schnecke *3* angetrieben, deren verlängerter Teil in Kugellagern *4* läuft. Die Schnecke *3* ist in hohler Ausführung hergestellt, wobei im Innern der Schnecke *3* eine Spindel *5* mit einem Zapfen *6* gelagert ist. Die Spindel *6* erhält an der Stelle *7* eine weitere Lagerung, die nachgiebig gehalten ist, und die eine selbsttätige Einstellung bei hoher Drehzahl ermöglicht. Die Spindel *5* kann also um den Zapfen *6* etwas federn, d. h. bei der kritischen Umlaufzahl kann der auf die Spindel *5* aufgesetzte Schleudertopf *8* sich selbsttätig einstellen. Um die innere Spindel *5*, die den Topf *8* antreibt, ist eine Außenspindel *9* eingebaut, die unten in den Kugellagern *10* gehalten und in der Lagerschale *11* drehbar gelagert ist. Auch diese Außenspindel *9* ist nachgiebig gelagert, und zwar kann sie um die Lagerschale *11* federn und dadurch den auf ihr ruhenden Schleudertopf *12*, der an der Stelle *13* nachgiebig gelagert ist, der kritischen Umlaufszahl entsprechend selbsttätig einstellen.

Der Antrieb für die Spindel *9* erfolgt ebenfalls von der Antriebswelle *17* aus, und zwar mittels eines auf der Antriebswelle *17* befestigten Kegelrades *18*, welches in das Kegelrad *18'* eingreift. Von diesem Kegelrad *18'* wird das auf derselben Nebenwelle ruhende Stirnrad *19* angetrieben, welches in das an der äußeren Spindel *19* befestigte Stirnrad *19'* eingreift.

Die zu verspinnende Masse wird bei *A* in den Topf *8* eingefüllt. Dieser Topf ist am Umfang mit feinen Düsen *14* ausgerüstet, welche versetzt zueinander angeordnet sind. Durch die Schleuderkraft wird die Masse durch die Düsen hindurchgedrückt und in feinen Fäden an den Innenrand *15* des großen Topfes *12* geschleudert. Der große Topf *12*, der ebenfalls sehr schnell umläuft, aber gegenüber dem Topf *8* mit geringer Umfangsgeschwindigkeit läuft, wickelt die Fäden auf. Auf dem Wege von den Düsen *14* bis zum Innenrand *15* der äußeren Schleuder *12* haben die Fäden Gelegenheit, an der Luft zu erstarren. Der aufgewickelte Spinnkuchen im äußeren Topf *12* wird, nachdem er eine geeignete Dicke hat, in verschiedene Teile zerschnitten und aus dem äußeren Topf herausgenommen. Nach vorgenommenem Waschen und Bleichen erfolgt die weitere Verarbeitung der Kunstfäden bzw. Stapelfasern.

In dem vorbeschriebenen D. R. P. 400 931 ist eine Doppelspinnschleuder angegeben, welche aus zwei ineinander eingebauten Schleudern besteht.

Gegenstand des D. R. P. 401 988 ist eine weitere Aus-
bildung dieser Einrichtung insofern, als die äußere Trommel
zweiteilig ausgebildet ist und die innere Trommel hoch und

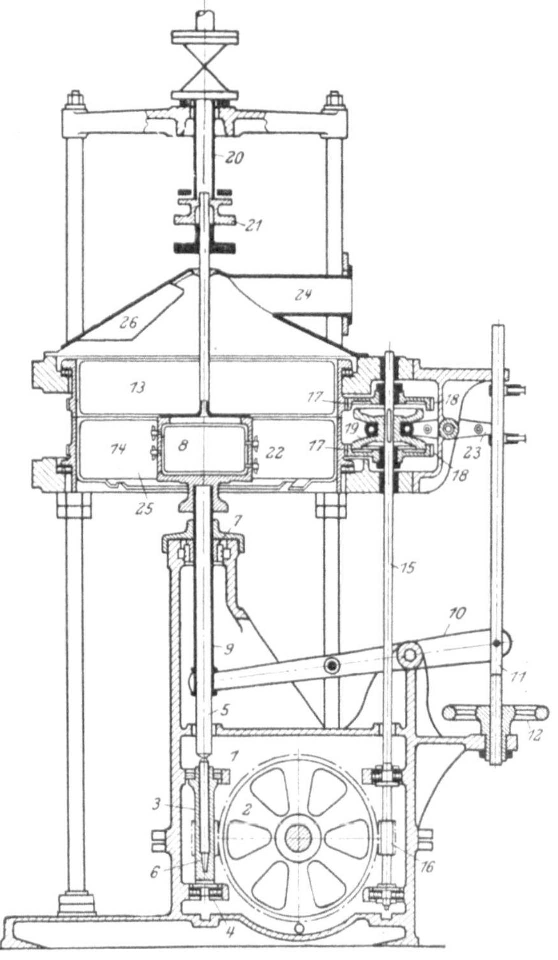

Abb. 49. Doppelspinnschleuder mit verstellbarer Innentrommel.

niedrig gestellt werden kann, um ein Arbeiten des Innenspinn-
topfes einmal auf dem unteren und einmal auf dem oberen
Teil der Außentrommel zu ermöglichen.

In der Abb. 49 ist die Einrichtung im Schnitt dargestellt.

Die Maschine besteht aus einem Gehäuse *1*, in welchem ein Schneckenrad *2* eingebaut ist, welches eine in Kugellagern *4* gelagerte Schnecke *3* antreibt. Die Schnecke, welche hohl ist, besitzt im Innern eine Spindel *5*, die bei *6* eingeklemmt ist und bei *7* elastisch lagert. Die Spindel *5* kann somit um den Punkt *6* als Einklemmungspunkt etwas federn, so daß sich bei der kritischen Drehzahl der Topf *8* selbsttätig einstellen kann. Um die innere Spindel *5*, welche also den Topf *8* antreibt, ist eine Außenspindel *9* angeordnet. Diese Spindel *9*, auf welcher der Topf befestigt ist, ist verschiebbar eingerichtet und kann durch einen Hebel *10* mit Hilfe von Spindel *11* mit Handrad *12* verstellt werden. Die Außenspindel besteht aus zwei Teilen *13* und *14*. Mit Hilfe des Handrades *12* kann somit der Topf *8* hoch und niedrig gestellt werden, das heißt also, der Topf kann einmal im Innern des oberen Teiles *13* der Außenschleuder und ein anderes Mal im Innern des unteren Teiles *14* der Außenschleuder laufen. Beide Außenschleudern *13* und *14* werden durch eine stehende Welle *15* angetrieben, welche eine in Kugellagern gelagerte Schnecke *16* besitzt. Die Übertragung von der Spindel *15* auf die Schleuder *13* und *14* erfolgt vermittels eines Zahnkranzes *17* und vermittels Stirnräder *18*. Die Stirnräder *18* haben im Innern eine Kupplung *19*, die wechselweise die obere und untere Außenschleuder antreibt.

Der Arbeitsgang ist der folgende:

Die zu verspinnende Masse wird durch die Rohrleitung *20* und die Stopfbüchse *21* in den Topf eingefüllt. Der Topf *8*, der etwa 5000 Umdrehungen macht, ist am Umfang mit versetzt angeordneten Düsen *22* augerüstet. Durch diese Düsen wird vermittels eines gewissen Druckes, welcher durch die Schleuderkraft noch vergrößert wird, die Masse hindurchgepreßt. Die abgeschleuderten Fäden gelangen an die äußere Schleuder, welche der inneren Schleuder gegenüber mit etwas Nacheilung läuft, und werden hier aufgewickelt. Ist die eine Außenschleuder, beispielsweise die unter *14*, mit Fäden bis zu einem bestimmten Grade voll gesponnen, dann wird vermittels des Handrades *12* und des Hebels *10* der Schleudertopf *8* in die obere Außentrommel *13* hineingeschoben. Durch diese Verschiebung wird aber gleichzeitig die Kupplung *19* aus dem Antrieb für die untere Trommel in den Antrieb für die obere Trommel geschoben und dadurch die obere Trommel angetrieben und die untere Trommel stillgesetzt. Die Verschiebung der Kupplung wird durch den Hebel *23* vermittelt.

Die Innenschleuder *8*, die sich also jetzt in der oberen Außenschleuder *13* befindet, spinnt nun diese voll, während der Spinnkuchen in der stillstehenden unteren Trommel *14* in Stücke geschnitten wird und die Stapelfasern herausgenommen werden. Dieser Vorgang wiederholt sich wechselweise. Es wird also immer einmal die Trommel *14* und einmal die Trommel *13* stillgelegt, während die Innenschleuder *8* im Betriebe bleibt und nur nach oben oder nach unten geschoben zu werden braucht. Die sich bei dem Ausschleudern bildenden Dämpfe werden durch den Stutzen *24* abgesaugt. Die Fäden der unteren Schleuder werden bei *25* entnommen, während die Kuchen der oberen Schleuder durch eine Öffnung *26*, die mit einer Klappe versehen ist, aus der Außenschleuder herausgenommen werden können.

XI. Fällbadbereitung, Kuchenbefeuchtung.

Neben den Spinnmaschinensaal, am besten zwischen diesen und die Haspelei, verlegt man die Räume für die Fällbadbereitung und Spinnkuchenbefeuchtung. Die Spinnkuchen, die von den Spinnmaschinen kommen, können nicht sofort abgehaspelt werden. Ein Teil muß bis zum anderen Morgen stehen bleiben, weil in der Haspelei, in der Frauen beschäftigt werden, in zwei Schichten, dagegen in der Spinnerei, in der Männer tätig sind, in drei Schichten gearbeitet wird. Ein Drittel sämtlicher Spinnkuchen muß nun bis zum Abhaspeln in einem besonderen Raum, dem Befeuchtungsraum, etwa 8 Stunden aufbewahrt werden. Dieser Raum für eine Fabrik von 1000 kg Seidenerzeugung täglich genügt in einer Größe von 10×8 m Grundfläche. Zur Aufnahme der Spinnkuchen werden Holzgestelle angeordnet, in denen die Kuchen lagern. In dem Raum muß stets eine feuchte Luft herrschen. Dieselbe wird durch eine Befeuchtungsanlage erzeugt. Letztere besteht aus im ganzen Raum verteilten Rohren, welche an die Dampfleitung angeschlossen sind. Auf die Länge des Raumes verteilt sind dann Nebeldüsen aus Bronze, die eine feine Verteilung des ausströmenden Dampfes gewährleisten, angebracht. Der Raum muß mit Entlüftungsklappen, die einstellbar eingerichtet sind, versehen werden, um stets eine gleichmäßige Feuchtigkeit und Temperatur des Raumes zu gewährleisten.

Für die Fällbadbereitung sind zwei am besten übereinanderliegende Räume erforderlich. Der obere Raum, in dem die Sammelbehälter für das Fällbad stehen (siehe auch Abb. 30b, Taf. II), muß so hoch liegen, daß von jenen das Fällbad bequem auf die Spinnmaschinen laufen kann. Das verbrauchte Fällbad von den Maschinen läuft in den unterenRaum, der zweckmäßig als Keller ausgebildet ist. Jeder Raum soll eine Grundfläche von 80—100 qm haben, in dem oberen Raum werden vier hölzerne Fällbadbehälter aufgestellt. Diese Behälter aus 60—70 mm starkem Pitchpine oder Kiefernholz müssen im Innern mit Blei ausgekleidet werden. Auch werden dieselben zweckmäßig je für einen Inhalt von 10—12000 l vorgesehen. Aufgestellt werden die Fällbadbehälter in einer Reihe. Zu beiden Seiten werden Filter angeordnet zum Klären des Fällbades, und um feste Rückstände festzuhalten. Für die vier Fällbadbehälter werden 20 runde Filter aus Steinzeug vorgesehen, die zu 10 und 10 Stück auf beide Seiten der Holzbehälter verteilt werden. Als Filterstoff verwendet man Kies, der auf einen Steinzeug- oder Holzrost aufgelegt wird. Die Fällbadbehälter müssen mit je einer Bleischlange, die unmittelbar über dem Behälterboden liegt, ausgerüstet werden. Die Schlange, die mit Dampf beheizt wird, dient zum Erwärmen des Spinnbades auf die notwendige Spinntemperatur, die im Fällbad an den Spinnmaschinen 40° C betragen soll. Für Ableitung des Kondenswassers ist Sorge zu tragen.

Während von den vorerwähnten Holzbehältern das Fällbad durch eine Bleileitung in den Spinnsaal läuft und auf die einzelnen Spinnmaschinen verteilt wird, gelangt das verbrauchte Fällbad von den Maschinen durch eine andere Leitung in einen großen Sammelbehälter von 30 000 l, der im Keller steht. Zweckmäßig wird dieser Behälter in zwei gleiche Teile eingeteilt. In den einen Teil wird das verbrauchte Fällbad abgelassen, um wieder aufgefrischt, d. h. regeneriert, zu werden. Der andere Teil dient zum Sammeln von unbrauchbarem Fällbad. Des weiteren werden im Keller für die Bereitung des frischen Fällbades zwei parallel angeordnete Rinnen in Zement mit Bleiauskleidung vorgesehen. Die Rinnen sind je 10 m lang, 1,1 m breit und mit Gefälle verlegt. An dem einen Ende befindet sich eine besondere Abteilung, in die Chemikalien, die zum Fällbad Verwendung finden, eingefüllt werden. Diese Abteilung hat einige versetzt angeordnete Zwischenwände, die eine gute Mischung gewährleisten, eine weitere Mischung mit Krücken erfolgt auf der 10-m-Länge der einzelnen Rinnen.

Säurepumpen fördern das frisch bereitete Fällbad aus den Rinnen oder das aufgefrischte Fällbad aus dem daneben stehenden Sammelbehälter nach oben über die Filter in die vier Sammelbehälter, von welchen eine Verteilung des Bades auf die Spinnmaschinen, wie bereits gesagt, stattfindet.

Der Chemikalienvorratsraum muß in nächster Nähe der Fällbadbereitung untergebracht werden. Da Schwefelsäure bei der Fällbadbereitung in großen Mengen gebraucht wird, stellt man auch einen Behälter für die Schwefelsäure im Keller auf. Dieser Behälter aus Eisenblech von 8—10 mm Stärke, am besten im Innern verbleit, soll 6000 l fassen und bei 1750 mm Durchmesser eine Länge von 2500 mm haben. Als Armatur kommt ein gesicherter Flüssigkeitsstand, ein Füll- und Ablaßorgan sowie ein Druckluftanschluß mit Manometer in Frage. Neben diesem Sammelbehälter ist ein kleiner Meßbehälter für Schwefelsäure von etwa 200 l Inhalt aufzustellen, von dem aus die jeweils gebrauchte Schwefelsäure in die Fällbadbereitung oder Fällbadauffrischung abgelassen werden kann.

XII. Die Haspelei.

Nachdem die Spinnkuchen die Spinnmaschine verlassen haben, werden diese auf Haspelmaschinen zu Strängen abgehaspelt. Diese Seidenstränge werden dann auf besonderen Maschinen ausgewaschen, entschwefelt, gebleicht und getrocknet. Das Bleichen erfolgt in großen hölzernen Bottichen, hauptsächlich unter Anwendung von Chlor (s. Chem. App. 1924, S. 56). Die gebleichte, getrocknete Seide hat ein schönes, weißes, glänzendes Aussehen. Die als Rohseide anzusprechenden Seidenstränge sind jetzt fertig und kommen hierauf in die Färberei. Bekanntlich läßt sich die Kunstseide sehr gut färben, auf dem Markte findet man alle Farbtöne, die in schönstem und höchstem Glanze unser Auge erfreuen.

Die Haspelei für eine Kunstseidenfabrik, die täglich 1000 kg Seide erzeugt, soll eine Grundfläche von 1000 qm haben. Bei diesem Flächeninhalt bleibt genügend Raum für die Durchgänge, die zwischen den einzelnen Maschinen erforderlich sind, ebenso für die Aufstellung der Fitzböcke frei. Im Haspelraum finden 24 Haspelmaschinen Aufstellung. Jede Maschine hat 12 Einzelhaspel, die bei den zweiseitig gebauten Maschinen so verteilt sind, daß auf jeder Seite der Maschine 6 Haspel angeordnet sind. Die ganze

Länge einer solchen Maschine beträgt 6820 mm und die
Breite 1200 mm. Das Feld, welches für jede Einzelhaspel in
Betracht kommt, hat eine Länge von 1170 mm und ist jeweils mit einem Tisch ausgerüstet, auf dem 6 Stück ab-
zuhaspelnde Spinnkuchen Platz haben. Jede einzelne
Haspel ist also für 6 Seidenstränge eingerichtet und können
auf einer Haspelmaschine von 10 Haspeln gleichzeitig
60 Kuchen abgehaspelt werden.

Die Maschinen sind aus leichtem Rippenguß hergestellt,
die Haspeln sind aus Hartholz. Die Haspelholme erhalten

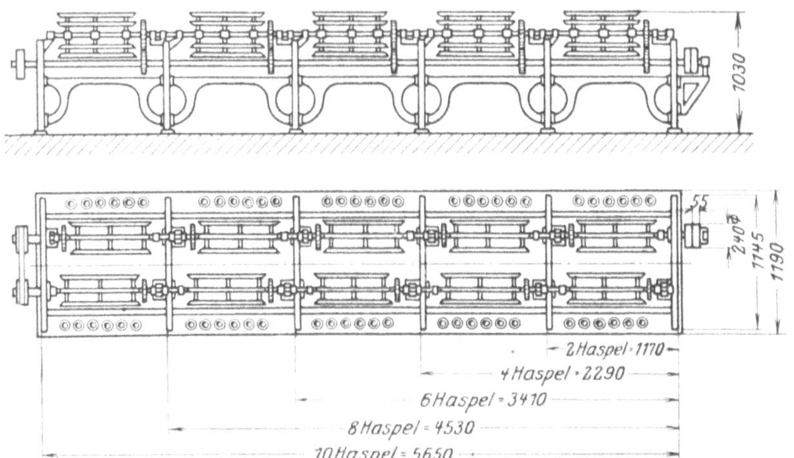

Abb. 50.   Haspelmaschine für Schleuder-Kunstseide.

an den äußeren Stellen Umlagen von Zelluloid oder Fiber,
damit der Faden nicht leidet. Das Holz ohne Umlage würde
auf die Dauer von dem säurehaltigen Faden angegriffen und
rauh. Die Folge davon wäre eine Flusigkeit der Seide.
Die Wellen der Haspelmaschinen laufen in Ringschmier-
lagern. Die zwangsläufig angetriebene Fadenführerlatte
muß innerhalb des Getriebes liegen, um ein Beschmutzen der
Seide zu verhindern. Des weiteren muß bei einem Fadenbruch
eine selbsttätige Abstellung der Einzelhaspeln ebenso bei
1000, 2000 und 3000 m Strahnlänge erfolgen. Der Umfang
eines Haspels beträgt 1100 mm. In der Abb. 50 ist eine
Haspelmaschine mit 10 Haspel im Aufriß und Grundriß
dargestellt.

Der Antrieb der Haspelmaschinen erfolgt im allgemeinen durch Fest- und Losriemenscheiben. Letztere haben einen Durchmesser von ca. 240 mm und eine Breite von 50—60 mm. Die Riemenscheiben laufen durchweg mit 200 Umdrehungen und die Haspelkronen mit 330 Umdrehungen in der Minute. Der Kraftbedarf ist gering. Er beträgt etwa $^1/_4$ PS für je zwei Haspel, die zu einer Abteilung gehören. Die Leistung beträgt 40—50 Abzüge in 10 Stunden, jedoch hängt dies lediglich von der Geschicklichkeit der Arbeiterin ab. Werden die abgehaspelten Stränge nicht auf den Maschinen abgebunden oder, wie man sagt, gefitzt, so läßt sich die Leistung natürlich steigern, wenn das Abbinden durch eine zweite Arbeiterin in besonderen Gestellen, sogenannten Fitzböcken, vorgenommen wird.

XIII. Die Wäscherei und die Bedeutung des Wassers in der Kunstseidefabrik.

Die Wäscherei wird zweckmäßig angrenzend an den Haspelraum untergebracht, und dafür kommt ein Raum von etwa 22,5 m Länge und 19 m Breite, entsprechend 2137 cbm Gesamtinhalt bei 5 m Höhe, in Frage. In diesem Raum sind in 4 Reihen die Waschbehälter aufzustellen und so anzuordnen, daß zwischen den einzelnen Behältern die Bedienungsgänge frei bleiben. Eine solche Behälterreihe, wie sie für eine Wäsche in Betracht kommt, ist in der Abb. 51 dargestellt. *a* ist ein hölzerner Behälter für das Säurebad mit einer Länge von 2 m, einer Breite von 0,67 m und einer Höhe von 0,8 m. Das Säurebad, welches eine etwa 7 prozentige Schwefelsäurelösung enthält, hat den Zweck, etwa in dem Fällbad der Spinnmaschine nicht ganz ausgefällte, klebrige Fäden zu koagulieren, d. h. nachzufällen. Nachdem die auf Glasstäbe aufgehängten Seidenstränge dieses Säurebad verlassen haben, werden sie, wie die Abb. 51 angibt, in dem über dem Behälter angeordneten Gestell *b* zum Abtropfen aufgehängt und hierauf in dem gleichen Gestell unter die Spritzwäsche *c* geschoben. Diese besteht aus einem hölzernen Kasten von 200 mm Höhe mit einem zickzackförmig gewellten Zinkboden mit entsprechenden feinen Lochreihen. Der Wasserkasten hat etwa die Größe des darunterstehenden Auffangbehälters. Die Seide verbleibt im Durchschnitt etwa 10 Minuten in der Spritzwäsche, nach deren Verlassen wird sie in die eigentlichen Waschbehälter *d* eingehängt. Diese haben eine Länge von 3 m, eine Breite von 0,670 m und eine Höhe von 0,800 m. Durch entsprechenden Zufluß und Abfluß an den Holzbehältern ist dafür Sorge zu tragen, daß stets ein guter Durchfluß des Wassers und eine ständige Erneuerung stattfindet. Die Seidenstränge selbst werden auf Glasstäbe, die an den Enden in Umschlaghölzer eingesetzt sind, aufgehängt. Das Auswaschen erfolgt durch ständiges Umschlagen, und zwar so lange, bis die Stränge die einzelnen Behälter durchlaufen haben. Die fertige ausgewaschene Seide wird dann in Tücher eingehüllt und in der ebenfalls in der Wäscherei aufgestellten Siebschleuder *e* ausgeschleudert. Für jede Waschbehälterreihe ist eine Siebschleuder von etwa 850 mm

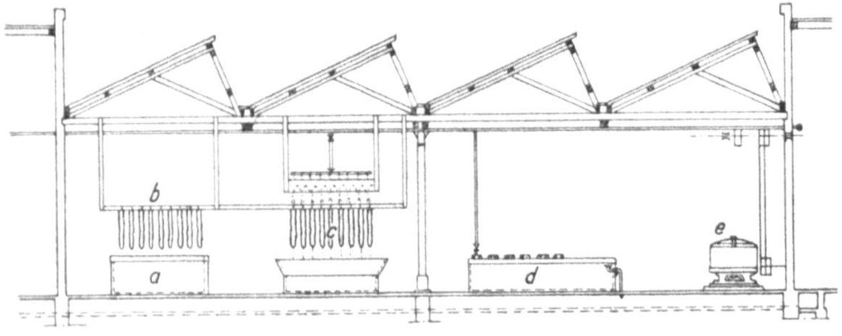

Abb. 51. Wäscherei mit Säurebad, Abtropfgestell, Spritzwäsche,
Waschbehälter und Schleuder.

Trommeldurchmesser vorgesehen. Die Drehzahl beträgt etwa 1000 in der Minute, und das Ausschleudern ist in etwa 15 Minuten beendet.

Eine Schleuder, die eine Trommel von 850 mm Durchmesser und 400 mm Siebhöhe hat, kann mit etwa 40—45 kg (Trockengewicht) Seidengarne befüllt werden. Der Kraftbedarf für das Ausschleudern beträgt während des Betriebes etwa 2,3—2,5 PS, beim Anlauf etwas mehr. In einer Kunstseidenfabrik werden in der Wäscherei große Wassermengen gebraucht, und es ist auch wohl keine Arbeit für die Weiterverarbeitung der losen gewaschenen Stränge so wichtig, wie die zweckentsprechende Behandlung in der Wäscherei. Ohne eine gute Wäsche kann die weitere Verarbeitung nur mit großer Mühe und manchmal dazu ohne Erfolg ausgeführt werden. Nicht nur später in der Färberei, sondern auch in der Weberei machen sich noch die unangenehmen

Folgen einer schlechten Wäsche bemerkbar. Das Schlimmste ist, daß man minderwertige Ware erhält, deren Güte viel zu wünschen übrig läßt. Während im allgemeinen in Kunstseidefabriken die Wäscherei von Hand, also wie vorstehend beschrieben, bedient wird, geht man in neuerer Zeit, insbesondere, wo es sich um große Leistungen handelt, zum mechanischen Waschbetrieb über, und der Verfasser hat eine solche mechanische Waschmaschine, die von der Düsseldorf - Ratinger Maschinen- und Apparatebau - A.-G. gebaut wird, entworfen. Da sich diese Maschine bewährt hat, sei an dieser Stelle die Bauart an Hand der Abb. 52 (Taf. III) erläutert.

Die Waschmaschine besteht aus einem ineinandergefügten, als Kanal ausgebildeten Holzkasten von 5000 mm Länge, 2200 mm Höhe und 1700 mm Breite. Oben auf dem Holzkasten sind die Wasserbehälter angeordnet, die sich auf die ganze Länge der Maschine verteilen, und die von einem Hauptrohr mit einzelnen Abschlüssen gespeist werden. Der Zufluß des Wassers für jeden Behälter wird durch Regulierhähne eingestellt. Der Boden der Behälter ist aus Zinkblech hergestellt und zickzackförmig ausgebildet. In den tiefsten Stellen der Zickzackrinnen sind Löcher von 1,5 mm Durchmesser, 15 mm Teilung angeordnet, die das Wasser in einem feinen Regen dem Innern der Waschmaschine zuführen. Im Unterteil des Holzkastens ist eine Auffangschale angebracht, die das Wasser sammelt und in den Kanal abführt. An jeder Seite der Maschine ist eine endlose Kette angeordnet, die mit einer mäßigen Geschwindigkeit die in Abständen von etwa 220 mm eingelegten Aluminiumstäbe mit den zu waschenden Strängen transportiert. Das Durchhängen der Kette wird durch 4 Führungsrollen, die auf einer besonderen Holztraverse sitzen, verhindert. Die Einführung der Aluminiumstäbe mit den zu waschenden Seidensträngen erfolgt an der Antriebsseite, die Entnahme an dem anderen Ende der Maschine. Hier ist ein Gestell angeordnet, welches die Stäbe abhebt und auf einer schiefen Ebene bis zum Anschlagswinkel abrutschen läßt. Dann werden die Stäbe mit der gewaschenen Seide von dem bedienenden Arbeiter abgehoben und nach Entfernung der Stäbe die Seide auf die Siebschleuder gegeben. An Stelle der Kettenfördervorrichtung rüstet die vorgenannte Firma die Waschmaschinen auch mit Spindeln aus, die sich entsprechend der Förderbewegung langsam drehen. In diesen Spindeln von etwa 100 mm Durchmesser ist mit 220 mm Steigerung eine Nute von 40 mm Breite und 20 mm halbrunder Tiefe eingedreht. Die Spindeln sind so angeordnet, daß die Nuten miteinander korrespondieren. Bei gleichmäßiger Geschwindigkeit beider Spindeln, die durch Schnecke und Schneckenrad angetrieben werden, werden die Stäbe fortbewegt. Die Bewegung ist eine durchaus sichere und zwangsläufige und hat den Vorteil, daß durch die schraubenförmige Bewegung die Stäbe auch in sich gedreht werden. Durch dieses Drehen der Stäbe werden auch die Stränge gedreht, d. h. auf dem Förderweg durch die ganze Waschmaschine wechselt die sich dem Wasserregen darbietende Oberfläche der Stränge ständig, was eine innige und gleichmäßige Durchwaschung in allen Teilen im Gefolge hat.

Sehr wichtig für eine Kunstseidefabrik ist die Beschaffenheit des Wassers, und viele der vorkommenden Klagen und Beschwerden sind einem schlechten Waschwasser zuzuschreiben. Die stets gleichmäßige Beschaffenheit des Waschwassers ist von größter Bedeutung für einen gleichmäßigen Ausfall der fertigen Ware. Mit anderen Worten: das zur Anwendung kommende Waschwasser muß morgens, mittags und abends von gleichbleibender chemischer Zusammensetzung sein, wenn ein dauernder Erfolg gewährleistet werden soll. Es sind nun in der Praxis eine ganze Reihe von Wasserreinigern im Gebrauch, und die richtige Wahl einer solchen Anlage erspart viel Ärger, Zeit und Geld. Sehr häufig trifft man in der Praxis die Wasserreinigungsanlagen an, in denen mit Hilfe von Kalk und Soda die Reinigung des Wassers bewerkstelligt wird. Derartige Anlagen ermöglichen aber nur schwer und mühsam eine dauernde Überwachung des Wassers, und diese bereitet dem Chemiker oft große Sorgen. Sehr beliebt geworden ist demzufolge die Permutitfiltration des Wassers, ein Verfahren, welches die Mängel der älteren Anlagen nicht aufweist. Die fettsauren Salze von Kalk und Magnesium von grauem Aussehen, die die Seide klebrig und unansehnlich machen, werden bei einem völlig enthärteten Permutitwasser ausgeschlossen. Die Handhabung des Permutitfilters ist einfach.

In einer Kunstseidefabrik wird das meiste Wasser in der Wäscherei gebraucht. Bei Spulenseide rechnet man täglich 4 cbm und bei Schleuderseide 2 cbm für 1 kg fertiger Seide. Eine Schleuderseidefabrik von täglich 1000 kg Seidenerzeugung braucht demnach 2000 cbm Wasser in 24 Stunden. 3 Kreiselpumpen von je 50 cbm Stundenleistung sind in einem besonderen Pumpenhaus aufzustellen. Die eine der 3 Pumpen dient als Ersatzpumpe, und das Wasser wird auf einen Hochbehälter gepumpt, von wo es als Rohwasser durch die Permutitfilteranlage der Fabrik zufließt. Als Hochbehälter kommt ein solcher von etwa 250 cbm Inhalt in Frage und wird zweckmäßig in Beton, als Wasserturm, in dem unten die Pumpenanlage untergebracht ist, ausgebildet. Die vom Wasserturm nach der Fabrik führenden Wasserleitungen sind frostfrei, also etwa $^3/_4$ m tief, in die Erde zu verlegen.

XIV. Das Trocknen
der gewaschenen ungebleichten Seide.

Neben der Wäscherei ist die Trocknerei der Seide einzurichten. Es kommen Trockenstuben, Kanaltrockner, Stufentrockner sowie Hordentrockner in Frage.

In der Abb. 53 (Taf. III) ist ein Kanaltrockner dargestellt, wie er für eine Kunstseidefabrik von 1000—1200 kg täglicher Seidenerzeugung Verwendung findet und von C. A. Gruschwitz A.-G., Olbersdorf i. Sa., gebaut wird. Erforderlich ist für den Trockner und für die Bedienung ein Raum von etwa 300 qm Grundfläche, also 15 m Breite und 20 m Länge. Die zu trocknende Seide wird in Strängen in die einzelnen Spannwagen eingehängt, und diese Wagen sind mit Spannvorrichtungen ausgerüstet.

Die Garne werden auf Aluminiumstäben aufgehängt, die bei einem Durchmesser von 32 mm eine Länge von 750 mm haben. Die Ausspannung erfolgt durch Gewinde mit einer Knebelmutter, die einen Handgriff besitzt. Bei größter Auseinanderstellung der Spannvorrichtung beträgt das Maß von Mitte bis Mitte Stab gemessen 700 mm und die kleinste Spannlänge etwa 500 mm. Die Spannwagen sind leicht und handlich eingerichtet, der genannte Apparat ist mit 18 Wagen ausgerüstet, um die erforderliche Leistung zu erzielen. Das Heizelement, welches aus schmiedeeisernen Rippenrohren besteht, besitzt eine Gesamtheizfläche von 365 qm und ist für Frischdampf von 3—4 Atm Dampfspannung eingerichtet. Vier kräftig wirkende Bläser (Exhaustoren) sorgen für die notwendige Lufterneuerung. Die verbrauchte Luft wird durch Schächte nach außen abgeleitet. Der Apparat ist mit entsprechenden Gleisen versehen, auf welchen die Trockenwagen ein- und ausgeschoben werden können. Die Leistung des vorstehend beschriebenen Kanaltrockners ist 3600 kg Wasserverdampfung in 10 Stunden unter der Voraussetzung, daß sich mindestens 18 Trockenwagen im Trockner befinden. Diese Wasserverdampfung von 3600 kg entspricht 1200 kg fertiger Seide in 10 Arbeitsstunden, in der Annahme, daß die Seide höchstens 75% Feuchtigkeit enthält, wenn sie in den Trockner kommt. Der Kraftbedarf des Trockners für die 4 Bläser beträgt etwa 15 PS. Der Dampfverbrauch beträgt 1,5—2,5 kg Dampf für 1 kg im Trockner zu verdampfendes Wasser. Bei 3600 kg Wasserverdampfung in 10 Stunden beträgt also die Dampfverbrauchsmenge $3600 \cdot 1{,}5 = 5400$ kg bis höchstens $3600 \cdot 2{,}5 = 9000$ kg Dampf in 10 Stunden, oder stündlich etwa 540—900 kg. Es hängt der Dampfverbrauch auch von der zweckentsprechenden Bedienung und dem guten Wärmekleid des Trockners ab. Für die Heizelemente des Trockners kommen 2 Dampfzuleitungen von je 50 mm l. W. in Betracht, die gut zu umkleiden sind. Die durch das Dach hindurchgeführten Schächte für die verbrauchte Luft werden mit einem Regendach versehen. Die Trocknung im Apparat soll für Seide langsam und bei möglichst niedriger Temperatur erfolgen. 40—50° C sind mittlere Temperaturen, über 60° C soll man möglichst nicht hinausgehen.

Ein beliebter Kanaltrockner ist der von der Firma Fr. Haas in Lennep (Rhld.) gebaute Trockenapparat. Bei diesem werden die Spannwagen an der einen Stirnseite des Apparates ein- und an der anderen Stirnseite wieder ausgefahren. Die Luftbewegung wird durch eine Anzahl Exhaustoren bewerkstelligt, die jeweils mit entsprechenden, seitlich am Trockner angeordneten Heizkammern verbunden sind. Die Luft wird in den einzelnen Kammern immer von unten nach oben gesaugt, und der Trockner arbeitet im Gegenstrom derartig, daß die einströmende Luft den eingefahrenen Wagen immer entgegenstreicht. Die Firma führt die Trockner in verschiedenen Formen und für alle Leistungen aus. An Stelle der Kanalwagen werden die Trockner auch für hängende Stranggarne mit endlosen Kettengängen geliefert. Die Luftgebläseventilierung mit abgestufter Wärmezufuhr hat sich bewährt. Die Abb. 54 veranschaulicht Konstruktion und Anordnung des Trockenapparates.

Die verschiedenen Spinnverfahren der Kunstseidefabriken bedingen eine Trocknung der Kunstseide hinter der Wäsche entweder in Strangform oder auf Spulen. Die Firma Benno Schilde, Maschinenbau-Aktiengesellschaft, Hers-

feld (H. N.) baut Apparate, die sich sowohl für das eine als
auch das andere Verfahren eignen. Die Trocknung des Strang-
gutes erfolgt auf Spann-Gestellwagen. Eigenartig ist der Aus-
bau der Gestellwagen, die zum D.R.P. angemeldet sind. Die
Spannung der Stränge wird nicht durch Schnecken-, sondern
durch Hebelmechanismus vorgenommen, der den besonderen
Vorteil großer Zeitersparnis bringt. Ein Hebeldruck genügt,
um die Spannung zu erreichen. — Die gefüllten Spannwagen
werden in einen Trockenkanal entweder durch Hand oder
bei größeren Anlagen selbsttätig eingeschoben. Die Trocknung erfolgt durch Kreisluftströme stufenförmig so, daß das
nasse Gut der wärmsten Luft ausgesetzt wird und mit fort-

Abb. 54. Gebläse-Kanaltrockner, Patent Haas, der Firma Friedr.
Haas, Lennep.

schreitender Trocknung in immer niedere Temperaturen
kommt. Die Kreisluftbewegung ist sehr wirksam, dabei aber
gleichmäßig, der Grundsatz bei dem ganzen Trocknungsvor-
gang ist viel Luft und niedere Temperatur. Die Fasern werden daher bei schnellster Trocknung außerordentlich geschont.

Maßgebend sowohl für die mechanische Einrichtung als
auch für die Wahl der Belüftungsart sind bei den Schilde-
Trocknern für Kunstseide auf Spulen die Wascheinrichtungen,
in denen die Spulen behandelt werden. Je nachdem, ob die
Spulen aus der Wäsche auf Leisten, auf Holzrahmen mit
Leisten oder aber auf Brettern mit Dornen herauskommen,
und endlich für Spulen, die in Rieselwäschen bearbeitet sind,
werden verschiedene Trockner geliefert.

Um die Spulen nach der Trocknung sofort weiterverarbei-
ten zu können, haben die Schildeschen Spulentrockner im

Anschluß an den Trocken- einen Befeuchtkanal, in dem dem
Garn wieder eine gewisse Feuchtigkeitsmenge zugeführt wird.

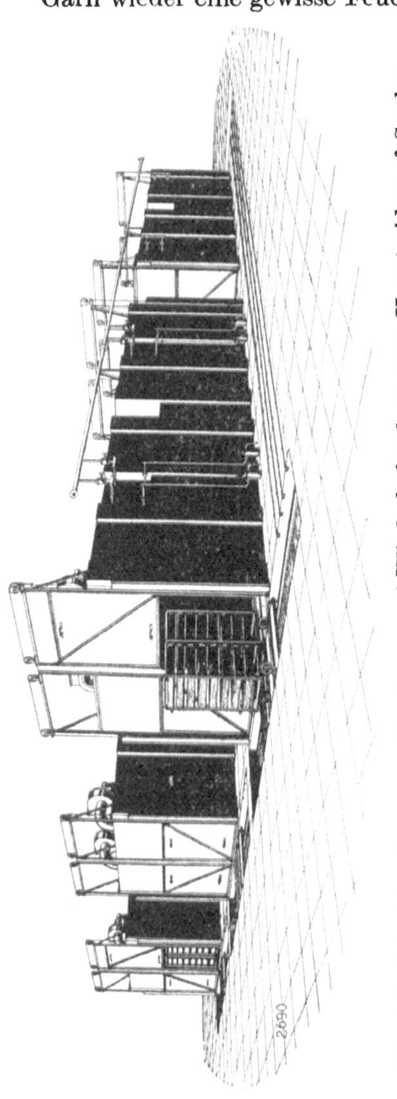

Abb. 55. Kanaltrockner zum Trocknen und Wiederbefeuchten von Kunstseide auf Spulen.

Bevor das getrocknete Gut
in den Befeuchtkanal ein-
tritt, durchwandert es eine
vorgeschaltete Kühlzone.
Die Abb. 55 zeigt als Bei-
spiel einen Schildeschen
Spulentrockner und Be-
feuchtkanal, dessen Wagen
mit Holzrahmen beschickt
sind. In diesem Kanal
kommt die im vorherigen
Absatz bereits beschriebene
Kreisluftführung zur An-
wendung. Die Wagen durch-
wandern in einem Arbeits-
gang zunächst das Trocken-
feld, werden anschließend
im Kühlfeld abgekühlt und
schließlich im Befeuchtfeld
wieder befeuchtet. Die
Feuchtluft wird durch be-
sondere Luftbefeuchtungs-
geräte erzeugt. — Für größere Leistungen werden die
Kanäle ohne Verschluß-
türen ausgeführt und der
Gesamtarbeitsgang rein
selbsttätig eingerichtet.
Der Dampfverbrauch ist
gering, er stellt sich auf
1,4—1,5 kg für 1 Kilo zu
verdunstendes Wasser.

Während im vorstehen-
den die verschiedenen
Arten der gebräuchlichsten
und bestbewährten Kanal-
trockenapparate beschrie-
ben sind, stellt der in der
Abb. 56 dargestellte Apparat
einen Horden-Schachttrockenapparat dar. In einem gemauerten Doppelschacht werden die Horden wie ein Paternosterwerk

zwangsläufig geführt, derartig, daß die mit Seide gefüllten Hordenkästen von oben nach unten der Luft entgegen bewegt

Abb. 56. Horden-Schachttrockner.

werden. Die Ent- und Beladung erfolgt bei der Tür a_1 bzw. a, wo die Auswechslung der Horden mit getrocknetem und zu trocknendem Gut erfolgt. Die neubefüllten Horden werden im Schacht b hochgefördert und in den Schacht c, den eigentlichen Trocknungsschacht, herunterbewegt. Die frische Luft, die durch einen Ventilator d von draußen angesaugt wird, wird in einem Heizapparat e entsprechend vorgewärmt und unter die unterste Horde geblasen. Nachdem die Luft das sämtliche Gut der Horden des Schachtes c und b durchzogen hat, gelangt sie durch den Abzugsschlot f ins Freie. Die Trockner der Abb. 56 werden mehr zum Trocknen loser Fasergewebe benutzt, wie z. B. Stapelfaser, Wolle, Typhafaser, Hanf, Jute usw.

Die Kanaltrockenapparate der Abb. 53—55 sind die in der Kunstseidefabrikation beliebtesten und gebräuchlichsten, zumal vorwiegend das Trocknen der losen oder gespannten Stränge bzw. der auf Spulen aufgewickelten Seide geregelt ist.

XV. Die Bleicherei und Färberei der künstlichen Seide.

Die abgehaspelten Seidenstränge haben bekanntlich eine schmutziggelbe, ins Rotbraune gehende Färbung; diese rührt von dem Sulfidierprozeß und dem Schwefelkohlenstoff her. Diese gelblichen Schwefelverbindungen müssen entfernt werden. Man bringt die zu bleichenden Stränge zunächst in ein Bad mit lauwarmem Wasser, läßt die Seide 10—15 Minuten leicht quellen und setzt dann dem Wasser eine 1 prozentige Lösung von Natriumsulfit oder Ammonsulfit zu. Dieser Zusatz führt zu einer vollständigen Entschwefelung. Die entschwefelten Stränge werden dann in klarem fließenden Wasser nachgespült.

In den meisten Kunstseidefabriken wird die Bleicherei von Hand betätigt, jedoch geht man auch schon dazu über, das Bleichen in besonders dafür gebauten Maschinen vorzunehmen. Für den Handbetrieb kommen hölzerne viereckige Behälter, die mit Blei ausgeschlagen sind, und die batterieweise in einer Reihe aufgestellt werden, zur Anwendung. Für 1000 kg Seidenerzeugung kommt für die Bleicherei ein Raum von 25 m Länge und 18 m Breite in Betracht. Dieser Raum muß in unmittelbarer Verbindung mit dem Trockenraum stehen, um die getrockneten Seidenstränge auf kürzestem Wege in den Bleichraum zu bringen. Die Stränge werden, so wie sie aus dem Trockner kommen, in ein besonderes Gestell eingehängt und von hier auf besonderen

Umschlagstäben in die Bleichereikufen eingehängt. Die einzelnen Holzbehälter haben 2000 mm Länge, 700 mm Breite und 800 mm Höhe. Deren Aufstellung erfolgt in Reihen, und kommen für 1000 kg Seide 4 solche Reihen zu jedesmal 10 Behältern in Frage. Die Reihenfolge der Bäder ist für jede Reihe 1. Natriumsulfit (NaS), 2. Wasser (H_2O), 3. Chlor (Cl), 4. Wasser (H_2O), 5. Salzsäure (HCl), 6. Wasser (H_2O), 7. Chlor (Cl), 8. Wasser (H_2O), 9. Seife, 10. Seife. Nach dem Durchlaufen der beiden letzten Seifenbäder ist die Seide fertig gebleicht. Vielfach wird den zum Bleichen benutzten Chlorkalklösungen Glaubersalz zugesetzt. Es findet dann eine Umsetzung statt nach der Gleichung

$$CaOCl_2 + Na_2SO_4 = CaSO_4 + NaOCl + NaCl\,.$$

Hierbei bildet sich Natriumhypochlorit, das bei gleichem Chlorgehalt bleichkräftiger ist. Das unterchlorigsaure Natrium hat auch sonst gegenüber Chlorkalk bedeutende Vorteile. Die Ware wird nicht mit schwerlöslichen Kalksalzen beladen; auch kann mit weniger Säure gearbeitet werden. Die Salzsäure, die allgemein zur Anwendung kommt, kann durch Schwefelsäure ersetzt werden.

Siehe auch die Vorschläge von G. Braam, Hamburg (Ztschr. angew. Ch. 1922, S. 501), über die Verwendung von Bleichwasser, welches aus Wasser vermischt mit Chlorgas hergestellt wird.

Die Seife hat den Zweck, die Seide weich und griffig zu machen.

Die der Seide noch anhaftende Flüssigkeit wird in Siebschleudern abgeschleudert. Um Beschädigungen und Beschmutzungen der Stränge zu vermeiden, werden diese vor dem Einlegen in die Schleudertrommel in weiße leinene oder Nesseltücher eingewickelt.

Die künstliche Seide läßt sich im allgemeinen sehr gut färben. Es werden zu diesem Zwecke die Stränge zunächst wie bei Baumwolle mit lauwarmem Wasser befeuchtet. Für lebhafte Farbentöne muß möglichst weiches Wasser Verwendung finden. Substantive Farbstoffe färbt man in 30 bis 60 Minuten bei 60° C. Verdier empfiehlt einen allmählichen Zusatz von 1,5 kg kristallisierten Natriumsulfats. Dasselbe muß vorher zweckmäßig in kochendem Wasser gelöst werden. Beim Färben von Parmaviolett fügt man dem Bade ein wenig Soda oder Seife zu. Man färbt die Kunstseide, je nachdem, um welche Artikel es sich handelt, im Strang oder im Stück, die Färbung erfolgt mit Anilinfarben, die für jede Kunstseidenart besonders zusammengestellt werden müssen. Die Ermittlung geschieht auf chemischem Wege. Sehr schwierig für einen Färber ist das Ausfärben von Seidenfäden eines Erzeugnisses, welches verschiedene Dicken aufweist. Es ist bisher unmöglich, den Faden des Kunsterzeugnisses in völlig gleichmäßiger Stärke zu spinnen. Die Kunstseide wird zwar gesichtet und sortiert, d. h. in Güte I, II und III geteilt, aber selbst bei dem besten Erzeugnis der Güte I ist es nicht möglich, die Fäden von vollständiger Gleichmäßigkeit zusammenzustellen.

Chardonnetseide kann mit basischen Farbstoffen ohne Beize gefärbt werden, selbst für volle Töne ist eine Beizung nur erforderlich, wenn ein besonderer Grad an Echtheit gefordert wird. Viskoseseide gleicht der Kupferammonseide, jedoch färben die basischen Farbstoffe die Viskoseseide tiefer als die Kupferammonseide. Allgemein kann man sagen, daß man für Chardonnet-, Viskose- und Kupferoxydammoniakseide fast die gleichen Farbstoffe und Färbeweisen wie für Baumwolle anwenden kann. Obwohl sich die 3 genannten Kunstseiden beim Färben graduell unterscheiden, sind diese chemisch der merzerisierten Baumwolle ähnlich.

Gefärbt wird die Kunstseide im allgemeinen in Strängen, entweder von Hand (wie beim Bleichen) in besonderen Kufen oder maschinell in sogenannten Strangfärbemaschinen. Letztere bieten eine bedeutende Ersparnis an Arbeitslöhnen und gewährleisten ein gleichmäßiges, vollkommen durchgefärbtes Erzeugnis.

Die Färbemaschinen werden mit beliebiger Walzenzahl hergestellt, welche den zu färbenden Partien entsprechend in Gruppen von 1, 2, 3 usw. 10, 20 und 30 Walzen unterteilt werden. Die Gruppen werden von einem gemeinsamen, eigenartig durchgebildeten Arbeitsmechanismus in wechselnder Rechts- und Linksdrehung der Walzen betätigt, jedoch arbeitet jede Gruppe einzeln, d. h. unabhängig voneinander.

Die Abb. 57 zeigt eine von W. Taschner, A.-G. in Crefeld gebaute Stranggarnfärbemaschine. Bei dieser Maschine werden die Walzenkästen hydraulisch gehoben und gesenkt. In gehobener Stellung werden die Garnstränge bei stillstehenden Walzen aufgegeben oder abgenommen. Bei gesenkter Stellung tritt selbsttätig der Arbeitsgang ein. Für das Heben der Gruppen ist ein Wasserdruck von 8 Atm erforderlich, der, wenn eine besondere Kraftquelle nicht zur

Verfügung steht, durch ein Pumpwerk mit Akkumulator erzeugt wird. Besonders ausgebildete Steuerorgane kommen für das Heben, Senken und Feststellen der Gruppen in Frage. Diese ermöglichen eine Feststellung der Gruppen in jeder Höhenlage. Der Antrieb (für Riemen oder elektrischen Antrieb) ist mit den Walzengruppen auf einer gemeinsamen gußeisernen Fundamentplatte aufgebaut. Die Dauer des Rechts- und Linkslaufes der Walzen ist ungleichmäßig gewählt und verstellbar, damit die Umkehrstelle des Stranges bei jedem Bewegungswechsel eine andere wird. Die Walzen sind als Exzenterwalzen ausgeführt; als Baustoff wird gla-

Abb. 57. Stranggarnfärbemaschine der Firma W. Taschner A.-G. Crefeld.

siertes Porzellan oder Kunstguß mit Glasflußüberkleidung verwendet. Vielfach werden die Walzen auch als Glasstahlwalzen mit Bronzehalter ausgebildet. Die nutzbare Länge der Walzen beträgt 700 mm, sie können mit 800 bis 1000 g Seide beschickt werden. Eine Färbemaschine von 38 Walzen hat 5900 mm Länge, 2500 mm Breite und 1700 mm Gesamthöhe. Ein anderer zum Färben von Kunstseide geeigneter Apparat ist der nach D. R. P. 219 074 geschützte.

XVI. Abwässer und Kläranlage.

Die Beseitigung der Abwässer einer Kunstseidefabrik ist von jeher eine wichtige Sache gewesen. Obwohl die Abwässer durch die große Menge Wasser aus der Wäscherei stark verdünnt sind, ist nach Möglichkeit zu vermeiden, sie in fischreiche Flußläufe ablaufen zu lassen. Zweckmäßig wird das Abwasser, bevor es in den Fluß gelangt, durch eine Kläranlage oder doch durch einen oder mehrere hintereinandergeschaltete Absatzteiche geschickt, die wenigstens die Sinkstoffe zurückhalten. Die Reinigungs- oder Kläranlage richtet sich nach der Menge und Beschaffenheit der Abwässer und kann nicht groß genug bemessen werden. Wenn es sich um einen einfachen Kunstseidebetrieb handelt, ist diese Frage leichter zu lösen, denn es kommt ein Abwasser in Betracht, das nur einen geringen Prozentsatz Säure und die von der Bleicherei herrührenden Chemikalien, insbesondere Chlor, enthält. Die Verdünnung des Wassers ist schon so stark, daß im allgemeinen die Bedenken schon durch die Anlage eines oder mehrerer Klär- und Absatzteiche zerstreut werden können. Wenn man ganz sicher gehen will, gibt man in den Klärteichen etwas Kalkmilch oder Eisenvitriollösung zu, um eine gewisse Neutralisation und ein schnelles Absetzen der Sinkstoffe zu erlangen.

Ist die Kunstseidefabrik mit einer Färberei verbunden, so liegt die Abwasserfrage bedeutend schwieriger. Wenn diese Säure, Alkali, Schwefelnatrium und Farbstoffe enthaltenden Abwässer ohne Reinigung in die Flüsse gelangen, gehen die sich in dem Vorfluter aufhaltenden Lebewesen unrettbar zugrunde. Leider sieht man öfters unterhalb großer Textilfabriken in den Flußläufen eine dunkle, in allen möglichen Farben schimmernde, übel riechende Brühe sich träge dahinwälzen, zum Nachteil aller in diesen enthaltenen Lebewesen. Eine Reinigungsanlage ist in solchen Fällen unerläßlich.

Zunächst leitet man die Abwässer in einen Teich oder in ein großes Sammelbecken. Hier bietet sich Gelegenheit zum Absetzen der hauptsächlichsten Sinkstoffe. Säure und alkalische Bestandteile können sich gegenseitig neutralisieren. Dann gelangt das Wasser durch ein oder mehrere Rohre a und b (Abb. 58) in den Klärteich I. Dieser ist durch eine Zwischenwand b von dem Klärteich II getrennt. Der Überlauf von dem einen zum anderen Teich geschieht durch mehrere, in zwei Reihen in der Zwischenwand eingebaute Ton- oder Zementrohre c von genügend großem Durchmesser. Letzterer richtet sich nach der Anzahl der eingebauten Rohre und der Menge des zufließenden Wassers. Mit Rücksicht auf Verstopfungen sollte der Durchmesser der

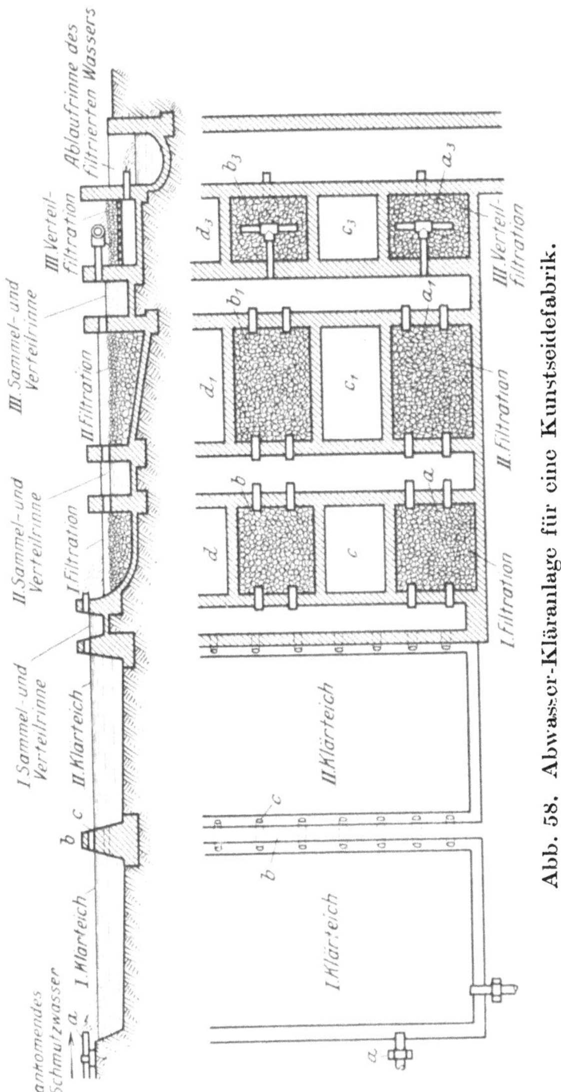

Abb. 58. Abwässer-Kläranlage für eine Kunstseidefabrik.

Rohre aber nicht weniger als 150 mm betragen. Die Klärteiche brauchen nicht sehr tief ausgeführt zu werden. Es
ist von besonderem Vorteil, wenn deren Oberfläche groß gewählt werden kann. Der Boden der Klärteiche ist nach

einer Seite mit starkem Gefälle auszuführen, damit sich die
Sinkstoffe dort ansammeln und von dieser Stelle aus besser
entfernt werden können. Von dem zweiten Klärteich gelangt das Wasser wieder durch Ton- oder Zementrohre in
einen gemauerten Graben von 1 m Breite und 0,8—0,9 m
Tiefe. Dieser Graben wird zwischen den Klärteich II und
dem ersten Filtrierbehälter *a, b* so verlegt, daß das Wasser
aus dem Graben durch entsprechende Rohre bequem in das
Filterbecken übertreten kann. Die Länge des Grabens
richtet sich wieder nach der Anzahl der nebeneinander-
liegenden Filterbecken *a, b* usw. Deren Anzahl ist wieder
abhängig von der Menge des zu klärenden Wassers. Die einzelnen Filterbecken sind im Boden mit Gefälle auszuführen, es genügt im allgemeinen für diese eine Tiefe von
1 m bei 2 m Breite und 3 m Länge. Die Füllung der Becken
erfolgt mit einem Stoff, welcher sich für solches Filtern am
besten eignet, z. B. Koks oder Schlacken. Zwischen den
einzelnen Filterbehältern sind genügend große Zwischen-
räume *c* freizulassen, welche dazu dienen, das Filtergut,
welches nach einer gewissen Zeit erneuert werden muß,
abzulagern. Von der 1. Filtration gelangt dann das Wasser
in die zweite und dritte Sammel- und Verteilrinne bzw.
in die zweite und dritte Filterkammer. Die Anordnung
und Bemessung ist die gleiche wie bei der I. Sammelrinne
und der I. Filtration. In den II. und III. Sammelrinnen
kann man bereits Proben des Wassers entnehmen und feststellen, inwieweit sich dasselbe bereits abgesetzt bzw. geklärt
hat. Im dritten Filterbehälter a_3 ist eine niedrigere Koksschicht notwendig, denn das hier ankommende Wasser ist
bereits genügend geklärt. Das über der Koksschicht angeordnete Verteilrohr hat den Zweck, das Wasser auf der
ganzen Oberfläche nochmals zu verteilen und die letzten
Unreinigkeiten auszuscheiden bzw. festzuhalten. Die
Lagerung des Kokses auf einem Holzrost erzeugt unter
diesem einen freien Raum, in dem sich das geklärte Wasser
ansammelt und durch Rohre in die letzte Ablaufrinne geleitet werden kann. Von dieser Ablaufrinne gelangt das
geklärte Wasser dann in den Fluß oder Kanal, ohne noch
einen schädlichen Einfluß auf die Fischzucht ausüben zu
können. Am besten läßt sich die in der Abbildung dargestellte
Kläranlage in einem Gelände mit natürlichem Gefälle
anbringen. Ist letzteres nicht vorhanden, so kann man das
Gefälle auch durch Überpumpen ersetzen, jedoch er-

fordert letzteres außer den Anschaffungen der Pumpenanlage einen gewissen dauernden Mehraufwand an Kraft und Arbeit.

XVII. Nachtrocknung, Sortierung und Versand.

Die gebleichte und geschleuderte Rohseide kommt in den neben der Bleicherei angeordneten Nachtrockenraum, wo bei nicht zu hoher Temperatur die Trocknung erfolgt. Diese wird entweder in einem Kanaltrockner oder in einem besonderen Heizraum bzw. Trockenraum mit entsprechendem Luftumlauf vorgenommen. Ein solcher Trockenraum, der sehr viel in Gebrauch ist, muß für eine Anlage von 1000 kg Seidenerzeugung bei einer Länge von 30 m eine Breite von 4 m und eine Höhe von 5 m haben, um die erwähnte Tagesmenge bequem trocknen zu können. Der länglich rechteckige Raum erhält in der Mitte einen Gang von etwa 1 m Breite. Zu beiden Seiten des Ganges befinden sich hölzerne Gestelle, in denen die Buchenholzstäbe mit den aufgehängten Seidensträngen eingelegt werden. Die Entfernung der Stäbe und Stränge voneinander muß so groß sein, daß die zur Trocknung erforderliche Luft leicht durchströmen und die Feuchtigkeit bequem aufgenommen werden kann. Unter den einzelnen Trockengestellen sind die Heizkörper angebracht. Ein durch Elektromotor angetriebener Exhaustor sorgt für den notwendigen Luftumlauf und Lufterneuerung. Letztere wird durch eine mit der Außenluft in Verbindung stehende Rohrleitung, in die eine Regulierklappe eingebaut ist, bewerkstelligt.

Um die Seide auf den gleichen Feuchtigkeitsgehalt zu bringen, muß in dem Raum eine Befeuchtungsvorrichtung angebracht werden. Diese erhält Anschluß an die Hauptdampfleitung und verteilt sich in Rohrleitungssträngen auf den ganzen Raum. Jeder Leitungsstrang von 25 mm Durchmesser erhält auf je 400 mm voneinander entfernt eine Dampfdüse, welche den Dampf fein zerstäubt in den Raum abbläst. Durch ein an jeder Leitung angebrachtes Regulierventil kann man je nach dem erforderlichen Feuchtigkeitszusatz einstellen. Zum Messen der Temperatur und des Feuchtigkeitsgehaltes werden Thermometer, Hygrometer an verschiedenen Stellen des Raumes angebracht. Die genaue Einhaltung der Temperatur, des gleichmäßigen Feuchtigkeitsgehaltes und vor allen Dingen die Vermeidung von Überhitzung sind streng zu beobachten.

Während man zur ersten Trocknung durchweg Kanaltrockner oder ähnliche Trockenmaschinen verwendet, die, weil die Seide noch nicht gebleicht ist, mit höheren Temperaturen arbeiten, verwenden Kunstseidefabriken für die 2. Trocknung, die Nachtrocknung, vielfach Vorrichtungen, die mit niedrigeren Temperaturen, etwa 50—60°, arbeiten. Die niedrigen Temperaturen haben den Vorteil, daß die bereits gebleichte Seide nicht beschädigt bzw. durch die hohen Temperaturen vergilbt wird. Auf dem Fußboden des Nachtrockenraumes, unter einem Lattenrost, liegen die Heizkörper. Ein Ventilator nimmt die Luft von draußen ab und drückt diese, sich dabei an den Heizkörpern erwärmend, durch den Laufrost in den Trockenraum. Letzterer enthält mehrere Gestelle, die in der Mitte einen für die Bedienung in Betracht kommenden Gang freilassen. Die Seide wird auf glatte Holzstäbe nebeneinander und übereinander in Strängen aufgehängt und von der warmen Luft getrocknet. Eine Regulierung der Luftmenge erfolgt durch Regulierklappen. Gleichzeitig ist diese Anlage ebenfalls mit einer Befeuchtungseinrichtung versehen.

Von der Trocknung gelangt die Seide in die Sortierung.

Hierfür ist ein Raum von 43 m Länge und 22 m Breite erforderlich. In 3 oder 4 Reihen sind die Sortierbäume, die von Arbeiterinnen bedient werden, aufzustellen. Diese sind aus hartem polierten Buchenholz anzufertigen und besonders kräftig auszuführen, weil auf die einseitig eingesetzten Holme bei dem Strecken der Seide eine gewisse Beanspruchung auftritt. Die einzelnen Gestelle haben je eine Länge von 3 m und eine Breite von 1,5 m, die 8 eingesetzten Sortierbäume werden so angeordnet, daß man hinter jedem Baum eine schwarze Hintergrundfläche aufstellen kann. Dieselbe ermöglicht ein gutes Aussortieren der glänzenden weißen Seide auf der dunklen Hintergrundfläche. An jedem Holm sitzt eine Arbeiterin, und die einzelnen Gestelle müssen so weit voneinander entfernt sein, daß zwischen diesen bequem die Kästen aufgestellt werden können, die zur Aufnahme der aussortierten Seide dienen. Mit den Kästen, die in leichter Ausführung aus Holz angefertigt und mit Handgriffen versehen sind, wird die Seide in den angrenzenden Packraum, bzw. in das Lager gefördert. Der Sortierraum muß vor allen Dingen luftig und hell gehalten werden. Das Licht fällt am besten von oben, und alles ist in weißer Farbe zu streichen. An den Wänden sind in besonderen Gestellen $^1/_2$ m lange Holme batterieweise anzuordnen, um Möglichkeiten zum Aufhängen besonders aussortierter Stränge zu erhalten. Der Sortierraum muß mit guter Ventilation und Heizvorrichtung ausgerüstet sein, und die Aufstellung der Sortierbäume ist so zu bewerkstelligen, daß jeweils eine Partie Arbeiterinnen von einer Vorarbeiterin beaufsichtigt werden kann.

Anschließend an den Sortierraum liegt der Titrierraum und die Instrumentenkammer. Während in letzterer die wertvollen Instrumente aufbewahrt werden, dient der Titrierraum dazu, die erforderlichen Messungen vorzunehmen und die Eigenschaften der Seide festzustellen.

Im Packraum, der 300 qm groß sein soll, stehen an den Wänden und an sonstigen geeigneten Stellen die Packtische und 3 Packpressen für Handbetrieb sowie 2 Dezimalwagen.

Neben dem Packraum liegt besonders feuersicher angeordnet das Seidenlager. Bei einer Länge von 43 m und einer Breite von 15 m beträgt die Gesamtgrundfläche dieses Raumes 645 qm. Auch ist die Höhe dieses Lagers am besten nicht unter 5 m hoch zu halten. Für die Lagerung der Seidenpakete werden hohe Gestelle für die Aufnahme aufgestellt. Zwischen den einzelnen Gestellen sind Gänge von 800 mm Breite anzuordnen. Der Raum muß durchaus trocken und heizbar sein.

XVIII. Arbeiterzahl.

Die Kunstseidefabriken arbeiten durchweg Tag und Nacht, und zwar in 3 Schichten. Etwa 60% aller Arbeitskräfte sind Frauen. Letztere werden hauptsächlich in der Haspelei, Sortierung, Packerei, Lager und Bleicherei beschäftigt. In den Maschinenräumen, in der Alkalizellulosestation und im Spinnschleuderraum sowie in den Chemikalienabteilungen sind Männer tätig. Für eine Anlage, die täglich in 24 Stunden in 3 Schichten 1000 kg Seide erzeugt, werden ungefähr folgende Arbeitskräfte gebraucht:

Chemische Abteilung: Spinnerei, Bleicherei, Trock-
nerei, Haspelei, Außenarbeiter, insges. Arbeiter. . . 260
Haspelei an Haspelerinnen u. Fitzerinnen, Arbeiterinnen 240
Bleicherei, Sortierung, Trocknerei, Verpackung usw.
Arbeiterinnen 150
Insgesamt also Arbeitskräfte 650

Mit Rücksicht darauf, daß des Nachts keine Frauen tätig sein dürfen, sind die meisten Arbeitskräfte auf die beiden Tagschichten verteilt.

XIX. Kraftbedarf und Dampfanlage.

Die meisten Kunstseidefabriken, sofern sie keine eigene Kraftanlage haben, sind für elektrischen Antrieb eingerichtet und an die Überlandkraftwerke angeschlossen. Für 1000 kg Seidenerzeugung werden laufend 700—750 PS benötigt, und der Hauptkraftbedarf liegt im Spinnsaal. Bei Verwendung von Elektroeinzelantrieben für die Spinnschleudern geht der Gesamtkraftbedarf der Anlage etwas herunter. Für die Erzeugung des Dampfes zu Heiz- und Kochzwecken werden 2 Dampfkessel von insgesamt 250 qm Heizfläche aufgestellt, es kommen dafür im allgemeinen Cornwall- oder Wasserrohrkessel zur Anwendung.

Die Wahl des Kessels, ob Cornwall-, Großwasserraum- oder Wasserrohrkessel, ob Kohle- oder Heizölfeuerung, richtet sich natürlich ganz nach der Größe und Lage, sowie nach den sonstigen besonderen Verhältnissen der Kunstseidefabrik. Großwasserraumkessel haben ihre besonderen Vorzüge, auch geben sie fast zu keiner Reparatur Veranlassung. Die Leistung des von 1 Quadratmeter zu verdampfenden Wassers ist aber geringer als bei Wasserrohrkesseln. Aus diesem Grunde kommen für große Kunstseidefabriken, die große Dampfmengen benötigen, auch durchweg nur Wasserrohrkessel in Frage. Wenn bei Cornwallkesseln durch 1 Quadratmeter Heizfläche 16—25 kg Wasser verdampft werden, steigert sich diese Leistung bei Wasserrohrkesseln auf 28—40 kg je Quadratmeter. Bei dem größeren Betriebe ist deshalb die Wasserrohrkesselanlage bedeutend wirtschaftlicher, zumal sie bedeutend weniger Bedienungsleute benötigt. Der spezifische Dampfverbrauch einer Kunstseidefabrik ist natürlich in den Jahreszeiten Sommer, Frühjahr und Winter verschieden, da die Heizung nicht nur der Trockner und Bäder, sondern auch der Fabrikanlage sowie der Bureauräume in Betracht kommt. Die Lage der Fabrik spielt bei der Ermittlung des Dampfverbrauches bzw. des Kohlenverbrauches auch eine Rolle, so daß die nachstehend angegebenen Werte nur als ein Mittelwert betrachtet werden können. Ein Kunstseidebetrieb in einer Gegend, wo üblicherweise im Winter Außentemperaturen von —10 bis —12°

vorkommen, gebraucht im Winter insgesamt für 1000—1200 kg täglich zu erzeugende Seide 12 000 kg gute Kohle von 7000 WE. Im Frühjahr geht dieser Verbrauch auf 7000 und im Sommer auf 4000 kg zurück.

Die Kessel- und Maschinenanlage ist das Herz des ganzen Betriebes. Diese ist immer eine Sonderaufgabe bei jeder neu zu errichtenden Kunstseidefabrik. Es würde zu weit führen, an dieser Stelle auf Einzelheiten einzugehen. Jedenfalls ist bei der Anlage des Kesselhauses stets auf eine Vergrößerung des Betriebes Rücksicht zu nehmen, derartig, daß die Aufstellung später noch hinzukommender Kessel nicht auf Schwierigkeiten stößt. Der Schornstein ist reichlich zu bemessen. Die Zufuhr der Kohlen und Abfuhr der Asche ist so zu gestalten, daß die Förderkosten möglichst herabgedrückt werden. Bei neuen Anlagen wird in den meisten Fällen die Anfuhr der Kohlen und Abfuhr der Asche selbsttätig durchgeführt werden. Insbesondere dadurch, daß bei den neuzeitlichen hochgebauten Kesseln die Aschenabfuhr in Kellerräumen untergebracht wird, ist der Aufenthalt für die Kesselwärter angenehmer und hygienischer.

Die Hauptrohrleitungen, die vom Kesselhaus zur Fabrik führen, sind übersichtlich und leicht zugänglich zu verlegen. Letzteres wird durch die Anordnung von Bedienungsbühnen meist auch vollkommen erreicht. Vor und hinter den Kesseln muß genügend Platz sein, damit bei Ersatzarbeiten diese leicht und ohne Gefahr bewerkstelligt werden können. Die Lagerung der Kohle geschieht zweckmäßig in Bunkern, die von den Eisenbahnwagen aus unmittelbar beschickt werden. Die Förderung auf den Rost geschieht meist mit Becherwerken, Förderschnecken oder Schüttelrinnen.

Ganz besondere Aufmerksamkeit hat in Fachkreisen die Verwendung der Hochdruckdampfmaschine hervorgerufen. Eine solche Kraftanlage mit einer Heißdampf-Hochdruckmaschine, Bauart Hartmann-Kerchove, ist in der großen deutschen Spinnstoffabrik Zehlendorf in Betrieb[1]).

Ein 400-m²-Steinmüller-Kessel, 25 Atm und etwa 400° überhitzter Dampf-Schachbrett-Treppenrost, verbrennt Rohbraunkohle, die im Kahn auf dem Teltowkanal ankommt. Ein Greifer fördert die Kohle unmittelbar in die 120 t fassenden Betonbunker über dem Kesselhaus. Damit ist der Bedarf für 24 Stunden gedeckt. — Das aus Spree- und Brunnen-

---

[1]) Baurat de Grahl, Glasers Annalen, 1925, S. 187.

wasser bestehende Speisewasser wird durch Kalk und Soda nach Halvor-Breda gereinigt und in einem zweistufigen Vorwärmer erwärmt. Der Niederdruckteil (10 Atm) besteht aus Gußeisen, der Hochdruckteil aus Schmiedeeisen (25 Atm). Die Speisung erfolgt durch Kreiselpumpen. Die durchschnittliche Dampfleistung beträgt 25 bis 30 m²/st.

Die Einkurbel-Verbundmaschine, die für größere Leistung (gewöhnlich 1100 kW, bis 2000 PS leistend) bemessen ist, arbeitet im Hochdruckzylinder mit 25 Atm und 350—400° C Überhitzung. Die Drehzahl beträgt 125 in der Minute. Der Einbau der Zwischendampfentnahme für 2 Atm zur Heizung der Trockner, Bädererhitzung, Warmwasserbereitung usw.. genügt einem Höchstbedarf bis zu 8000 kg stündlich. Ist die Maschine weniger belastet, jedoch der Dampfbedarf der Fabrik groß, so tritt ein Frischdampfzusatzapparat in Tätigkeit, welcher aus der Dampfentnahmeleitung den Frischdampf zuführt und auf die Entnahmespannung abdrosselt. Der Zusatzapparat arbeitet selbsttätig und zuverlässig und ist von außen überwachbar. In der vorerwähnten Kunstseidefabrik liegen die Verhältnisse so, daß im Sommer nicht der gesamte Abdampf Verwendung finden kann. Auch dem trägt die Ausführung der Anlage Rechnung. Die Einrichtung der Anlage ist deshalb so getroffen, daß in jeder Jahreszeit so wirtschaftlich wie möglich gearbeitet werden kann. Wird im Sommer mehr oder weniger auf die Warmwasserbereitung bzw. Heizung verzichtet, so arbeiten beide Niederdruckzylinder ohne Vakuumheizdampfabgabe (die Räume werden durch eine Vakuumheizung beheizt; 84% Luftleere; Anzapfdampf aus dem Niederdruckzylinder von 1 Atm) mit besonders hohem Vakuum (98%) unmittelbar auf den Oberflächenkondensator. Die mehrfache Ausnutzung der Vakuumdämpfe ermöglichen mit der Dampfmaschine ein wirtschaftlicheres Arbeiten als mit einer Dampfturbine.

Von großer Wichtigkeit ist die Aushilfskraftanlage der Kunstseidefabrik. Diese muß in der Lage sein, bei einem etwaigen Versagen des Stromes des Überlandwerkes den Betrieb in wenigen Minuten wieder aufzunehmen, da sonst sehr unliebsame Störungen im Betrieb, die mit großen Unkosten verbunden sind, eintreten können. Dauert die Störung auch nur eine Stunde, so genügt die Zeit, um die in den Leitungen, in den Spinnmaschinen, Pumpen, Pressen usw. befindliche Viskose so zu erhärten, daß diese dann nur noch durch ein vollständiges Auseinandernehmen und Reinigen der einzelnen Teile entfernt werden kann. Was eine solche Störung für Aufenthalt und Kosten verursacht, ist leicht zu übersehen. Am besten geeignet als Hilfskraftanlage ist die Dampfturbine. Diese nimmt wenig Raum in Anspruch, ist in wenigen Minuten betriebsfähig uud eignet sich auch infolge ihrer hohen Drehzahl sehr gut zum Umschalten auf die üblicherweise durch schnellaufende Elektromotoren angetriebenen Maschinen, Apparate und Triebwerke. Der Dampfverbrauch spielt in dem Fall weniger eine Rolle, weil der Abdampf zu Heizzwecken wieder Verwendung findet.

XX. Kühlanlage.

Um in der heißen Jahreszeit die Temperatur in den kühl zu haltenden Räumen vorschriftsmäßig einstellen zu können, muß in der Kunstseidefabrik eine zweckentsprechende Kühlanlage Aufstellung finden. Diese Kühlanlage hat außer der Kühlhaltung gewisser Räume auch den Zweck, vermittels Kühlschlangen Natronlauge oder Viskose, letztere in den Mischern oder Viskosekesseln, zu temperieren. Man unterscheidet Ammoniak, Kohlensäure- oder schweflige Säure-Kühlanlagen, auf deren Arbeitsweise hier nicht eingegangen werden kann. Für eine Kunstseidefabrik von 1000 kg Seidenerzeugung wird die Kühlanlage im Durchschnitt für eine stündliche Leistung von 70—80 000 WE zu bemessen sein. Man kann jedoch eine feste Richtschnur nicht aufstellen, da sich diese ganz danach richtet, ob die Fabrik in einer kühlen, gemäßigten oder heißen Zone liegt. Selbstverständlich muß eine Kühlanlage für eine Fabrik in Mittelitalien bedeutend größer bemessen werden als beispielsweise für eine in Holland liegende Kunstseidefabrik. Der Leistungsunterschied beträgt hierbei schon etwa 120 bis 150%.

Die hauptsächlichste Kühlung wird im Viskosekeller benötigt, und sind die erforderlichen Rohrleitungen zweckmäßig unter die Decke des Raumes in 40 cm Abstand von derselben zu verlegen. Die Rohrsysteme aus nahtlosem Stahlrohr von etwa 50/57 mm Durchmesser sind batterieweise, und zwar symmetrisch zur Aufstellung der Viskosekessel, anzuordnen und mit einzelnen Absperrorganen auszurüsten, die je nach der Temperatur, die in dem Raum herrscht, ein leichtes Ein- und Ausschalten ermöglichen. Um Schwitzen und Abtropfen der Kühlrohre nicht unangenehm zu empfinden, werden diese, insbesondere an den Stellen, die oft unterschritten werden, mit Tropfschalen, die an die Decke gehängt werden, ausgerüstet.

Die gesamte Kühlanlage wird am besten in einem besonderen Raum untergebracht, und sollte genügend Raum für eine Aushilfsanlage vorhanden sein. Mit Rücksicht auf leichte und übersichtliche Bedienung sollten überhaupt die Maschinen, wie Kühlmaschine, Luftpresser und Vakuumpumpen, möglichst nahe zusammen liegen.

XXI. Druckluftanlage.

Als Luftpresser werden für 1000 kg Seidenerzeugung 2 Stück von je 140 cbm stündlicher Ansaugeleistung für 6 Atm Betriebsdruck und ein Aushilfspresser benötigt. Bis 6 Atm genügen einstufige Luftpresser. Bei den Vakuumpumpen sind im allgemeinen die gleichen Gesichtspunkte wie bei den Luftpressern zu berücksichtigen. Während die Luftpresser hauptsächlich zum Überdrücken der Viskose auf die Vorbereitungs- bzw. Spinnkessel, ferner zum Durchdrücken von Viskose oder Natronlauge durch die Filterpressen gebraucht werden, wird auch sonst vielfach Preßluft zum Überdrücken von Schwefelsäure, Schwefelkohlenstoff und dergleichen angewandt.

Die Vakuumpumpen werden hauptsächlich zur Entlüftung der Viskose benötigt, aber auch in anderen Fällen wird Vakuum an Stelle von Pumpen zum Übersaugen von Flüssigkeiten benutzt und vorteilhaft angewandt. Die innige Entlüftung bzw. Evakuierung der Viskose ist für das Spinnen sehr wichtig. Die Leistung der Luftpumpen ist etwas größer zu bemessen, als die der Luftpresser, und es kommen für eine Kunstseidefabrik von 1000 kg Seidenerzeugung täglich 2 Vakuumpumpen von je 220 cbm stündlicher Ansaugeleistung und eine Hilfspumpe von der gleichen Leistung in Betracht. Die Luftpumpen werden meistens einstufig in doppeltwirkender Bauart ausgeführt. Eine gute Luftpumpe muß eine Luftleere von etwa 72—73 cm erzeugen, jedoch genügt auch bereits eine solche von 70 cm. Letztere kann man auch ohne weiteres mit Luftpressern, die man als Luftpumpen arbeiten läßt, erzeugen, wenn sie geringen schädlichen Raum im Zylinderinnern aufweisen.

XXII. Die Selbstkosten.

Ein gut geleiteter Kunstseidefabrikbetrieb gibt etwa 60% erstklassige Seide, während die Gesamtausbeute an verkäuflicher Seide etwa 75% beträgt. Spinnschleuderseide ergibt etwa 5 bis höchstens 7% Abfall, davon 3—4% in der Haspelei.

Die Dehnung der Kunstseide beträgt etwa die Hälfte, und die Bruchfestigkeit etwa $^1/_2$—$^1/_3$ der echten Maulbeerseide.

Das spezifische Gewicht der Kunstseide schwankt zwischen 1,4—1,6, wohingegen das spezifische Gewicht der echten Seide 1,36 (italienische Rohseide) beträgt.

Die Selbstkosten der Seide richten sich nach der Einrichtung der Fabrik, nach der Arbeitsweise und insbesondere nach der Seidenmenge, die täglich erzeugt wird. Eine neue Fabrik für 300 kg Seidenerzeugung ist nur wirtschaftlich, wenn ihr eine Weberei angegliedert ist, die das eigene Erzeugnis zu verarbeiten vermag. Im anderen Fall sind 400—500 kg Tageserzeugung als kleinste Leistung für einen wirtschaftlichen Betrieb anzusprechen. Die Durchschnittsleistung neuer Kunstseidefabriken beträgt meistens 1000—1500 kg. Je größer die tägliche Erzeugung, je geringer werden die Selbstkosten.

Eine Spinnschleuderseidefabrik, die nach dem Viskoseverfahren arbeitet, braucht täglich in 24 Stunden zur Erzeugung von 1000 kg Kunstseide:

1400 kg Zellulose, $C_6H_{10}O_5$,
1800 ,, Ätznatron, NaOH,
1500 ,, Schwefelsäure, H_2SO_4,
 460 ,, Schwefelkohlenstoff, CS_2,
2000 ,, saure Sulfate,
 600 ,, Salze,
  50 ,, Calc. chlorid,
  30 qm Filtertücher,
  50 kg Baumwolle,
  50 ,, Fitzbändchen und Putztücher,
  40 ,, Öle und Fette,
5000—6000 kg gute Kohle,
 700—750 PS.

Für 2000 kg Seidenerzeugung braucht man dagegen 900—1000 PS täglich und etwa 900 Arbeitskräfte.

Nach einem anderen Verfahren werden an hauptsächlichsten Rohstoffen gebraucht: Kaustische Soda oder Ätznatron (NaOH), Schwefelsäure von 66° Bé (H_2SO_4), Ammoniumsulfat $(NH_4)\,SO_4$, Glykose oder Traubenzucker von 85%, Glaubersalz $NaSO_4$, Zinksulfat $ZnSO_4$, Schwefelnatrium 60/63 (NaS), Schwefelkohlenstoff doppelt rekt. (puriss.) ($C \cdot S$;), Salzsäure (HCl), Natriumkarbonat 98/99, Kalk und Glyzerin (spez. Gew. 1,23).

Die Kosten der Seide richten sich natürlich nach den jeweiligen Tagespreisen der Chemikalien, nach den Löhnen und nach den Rohstoffpreisen. Die Generalunkosten einer gut geleiteten Kunstseidefabrik, also Gehälter, Steuern, Frachten, Kraft, Strom, Licht, Wärme, Kälte, Spesen, Prämien, Provisionen und Verschleiß, betragen erfahrungsgemäß etwa 30% von den sonstigen Herstellungskosten der Seide. Die letzteren errechnen sich aus den Kosten für Rohstoff, Chemikalien für die Aufbereitung des Zellstoffs bis zur Herstellung der Viskose, den Chemikalien für Fällbad, für Nachbehandlung und Bleicherei sowie den Löhnen. Für die Verzinsung des Kapitals sind wenigstens 5% (je nach dem Bankdiskontsatz) vom gesamten Herstellungspreis einzusetzen.

XXIII. Die Fabrikanlage.

Die Arbeitsweise ist schon in dem Schema S. 9, welches die erforderlichen Arbeitsteile vom Ausgangserzeugnis bis zur fertigen Kunstseide zeigt, gebracht. Die Anordnung der Baulichkeiten und der einzelnen Maschinen und Apparate schließt sich zweckmäßig diesem Arbeitsschema an, um unnütze Zwischenwege zu vermeiden.

Die schematische Zusammenstellung der Maschinen und Apparate für eine Viskosekunstseidefabrik zeigt die Abb. 59 (Tafel IV). Auf Einzelheiten braucht hier nicht mehr eingegangen zu werden, weil die verschiedensten Apparate schon in den vorhergehenden Abschnitten im einzelnen eingehend behandelt wurden.

Additional material from *Die Viskosekunstseidefabrik,
ihre Maschinen und Apparate,*
ISBN 978-3-662-33644-1, is available at http://extras.springer.com

MONOGRAPHIEN ZUR CHEMISCHEN APPARATUR

Begründet von Dr. A. J. KIESER
Herausgegeben von BERTHOLD BERCK

Früher bereits erschienen:

Band 1: Schröder, Hugo, Die Schaumabscheider als Konstruktionsteile chemischer Apparate. Ihre Bauart, Arbeitsweise und Wirkung. Mit 86 Figuren im Text. Geheftet RM 3.—

Chemiker-Zeitung: Verfasser bespricht an der Hand der Patentliteratur und seiner eigenen eingehenden Erfahrungen Einrichtung, Wirkung und Energieverbrauch solcher Abscheider sowie die theoretischen Grundlagen, die bei Beurteilung der einschlägigen Verhältnisse in Betracht kommen. Nach ausführlicher Prüfung zahlreicher Vorschläge und Konstruktionen kommt er zu dem Schlusse, daß allein jene Abscheider brauchbar und wirksam sind, die auf dem Prinzip der Fliehkraft beruhen und „die Erzeugung hinreichender Fliehkraft auch bei wechselnden Dampfmengen durch selbsttätige Einstellung gewährleisten." Derlei Abscheider gibt es aber, wenn überhaupt, nur in ganz geringer Zahl und keineswegs in für alle Zwecke praktisch bewährter Ausführung, und es bleibt daher die dringende Aufgabe bestehen, in dieser Hinsicht Wandel und Besserung zu schaffen. Auf ihre Wichtigkeit hingewiesen zu haben, ist jedenfalls ein Verdienst des Verfassers.

Band 2: Jordan, Dr.-Ing. H., Die drehbare Trockentrommel für ununterbrochenen Betrieb. (Vergriffen!)

Band 3: Schröder, Hugo, Die chemischen Apparate in ihrer Beziehung zur Dampffaßverordnung, zur Reichsgewerbeordnung und den Unfallverhütungsvorschriften der Berufsgenossenschaft der chemischen Industrie. Eine gewerberechtliche Studie. Mit 1 Figur im Text. Geheftet RM 1.50

Zeitschrift für angewandte Chemie: ... ein Führer durch den Irrgarten der bundesstaatlichen Verordnungen über die Einrichtung und den Betrieb von Dampffässern und als solcher sowohl für die chemische wie für die Apparatebau-Industrie ein unentbehrliches Hilfsmittel.

Band 4: Block, Berthold, Die sieblose Schleuder zur Abscheidung von Sink- und Schwebestoffen aus Säften, Laugen, Milch, Blut, Serum, Lacken, Farben, Teer, Öl, Hefewürze, Papierstoff, Stärkemilch, Erzschlamm, Abwässern. Theoretische Grundlagen und praktische Ausführungen. Mit 131 Figuren im Text. Geheftet RM 6.—, gebunden RM 8.—

Zeitschrift des Vereins deutscher Ingenieure: Das Werk von B. Block ist ein gutes Buch, das ich mit Wohlgefallen gelesen habe; denn es löst die Aufgabe, die es sich gestellt hat, die sieblose Schleuder darzustellen, klar und deutlich und, soweit ich urteilen kann, vollständig, so daß es vielen ein vortrefflicher Führer auf diesem Gebiet sein kann. (E. Hausbrand)

Die Sammlung wird fortgesetzt!